中国蒙古族头饰

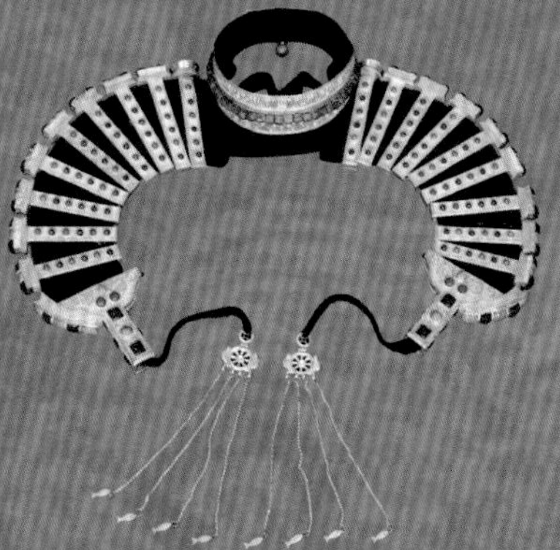

盛丽 著
萨日娜 译

YUANFANG
远方出版社

图书在版编目（CIP）数据

中国蒙古族头饰：汉文、蒙古文 / 盛丽著；萨日娜译. -- 呼和浩特：远方出版社, 2022.9
ISBN 978-7-5555-1537-1

Ⅰ. ①中… Ⅱ. ①盛… ②萨… Ⅲ. ①蒙古族－头饰－研究－中国－汉、蒙 Ⅳ. ①TS941.742.812

中国版本图书馆CIP数据核字(2022)第157918号

中国蒙古族头饰

ZHONGGUO MENGGUZU TOUSHI

出 版 人　苏那嘎
著　　者　盛　丽
译　　者　萨日娜
责任编辑　于丽慧　王　叶
装帧设计　晓　乔　李鸣真
出版发行　远方出版社
社　　址　呼和浩特市乌兰察布东路 666 号　邮编 010010
电　　话　（0471）2236473 总编室　2236460 发行部
经　　销　新华书店
印　　刷　内蒙古爱信达教育印务有限责任公司
开　　本　850 毫米 ×1168 毫米　1/16
字　　数　213 千
印　　张　17.75
版　　次　2022 年 9 月第 1 版
印　　次　2023 年 7 月第 1 次印刷
印　　数　1—1000 册
标准书号　ISBN 978-7-5555-1537-1
定　　价　268.00 元

前言

蒙古族，除在内蒙古自治区境内分布有28个部落，主要还分布于新疆、甘肃、青海、黑龙江、吉林、辽宁、河北、四川、云南等省区。蒙古族既是一个具有悠久历史和文化传统的民族，也是在中国乃至世界上产生过重要影响的民族。在其漫长的历史变迁中，创造了古老、独特的服饰文化，尤以妇女的头饰璀璨而夺目。

蒙古族大多生活在高寒地区，以畜牧业为主，与这种生活相适应，其头饰和服饰自有特色，造型千姿百态，各有功用和目的。蒙古族头饰受自然条件等因素影响外，也彰显着蒙古族的个性和自尊心。人们把主要的财富转换成金银珠宝佩戴在身上，以便保存和迁徙。蒙古族妇女喜欢珠光宝气地装饰自己，并把头饰看作是财富和美的象征。到了近现代，这种生活方式仍然占据着他们的生活。据有关史料记载，蒙古高原早期的居民亦有类似的习惯，把兽骨、石材精心研磨打制成菱形、锥形、柱形体，用兽皮编成绳索佩挂在颈项上，犹如现代女性佩戴的项链和项坠。可以推想，这些装饰品除了实用、美观，更多的是迎合了人们的心理需求。蒙古高原作为古代北方游牧民族文化的发祥地，经东胡、匈奴、鲜卑、契丹、女真等民族的更替，出现了适应游牧生活的佩饰种类，并在不同的历史时期得到了丰富和发展，亦对后世产生影响，从而奠定了蒙古族特有的审美意识和装饰理念。由于生产工具的更新与发展，早在青铜器时代，蒙古高原的人们就掌握了头饰的制作技能。从文物遗存中发现的耳坠、面具、发饰、胸挂件等青铜装饰品，就可以说明这一点，可见这一时期人们的想象力和审美观已达到了如此高度。元朝时期，商贸更加发达，民间手工技艺的发展更趋进步。妇女头饰以发饰、冠饰装饰为主，以大和重为美，用宝石、金属、兽骨、鸟羽、尾翎、植物茎叶等装饰，内容丰富。工艺造型、宝石种类、图案纹样，在头饰的装饰上体现得最为充分，元代宫廷的姑姑冠就是例证，其豪华程度实属罕见。明代，蒙古族的发式、冠饰较前代有了明显的变化，在保留传统的同时，结构和色彩更加细腻，实用性更强。

17世纪中叶，蒙古族各部落之间出现了分制趋向，语言、风俗、服饰也随之发生了变化，形成了名称不同、称谓若干的部落，又因其部落归属不同，头饰的造型、佩戴习俗、审美等也形成了区域性差异，即使是同一部落，也因地域、自然环境的不同而风格迥异。这一时期，头饰式样之多，装饰手法和用料之精美，难以尽述。蒙古族妇女头饰，是部族间在一定的历史条件和自然环境中形成的，其造型天成一韵，婀娜风姿。无论是哪个部落、哪款头饰，都是中华文化的积淀，反映了人类智慧和原始思维。无论属于哪个部落，无论生息繁衍在何地，蒙古族头饰都会成为当地的亮点和人文景观。由于男子的头饰主要以冠帽为主，本书并未涉及。

《中国蒙古族头饰》一书，收录的头饰大多是清末和民国初期的遗存，涵盖9个省区不同部落、不同地域的近百副头饰。此书是在田野调查的基础上搜集和编撰的，部落、地域性特点突出，可谓弥足珍贵。在浩繁的头饰种类中，梳理出蒙古族妇女一生中头饰的3次（姑娘、新娘、老年）变化，重点对各部落、各地区头饰的种类、结构、色彩、工艺、图案寓意、文化象征、佩戴方法进行了解析，为了解蒙古族头饰的风貌和发展脉络提供了依据。蒙古族头饰造型美艳，多为自然形态，以红色为基调，配色大胆精巧且大量使用金银、宝石装饰，结构复杂，地域性色彩突出，外形特征变化较大，或寓意，或象征，或崇拜，或信仰，体现了丰富的文化内涵。

蒙古族头饰风格，是历经百年逐步形成的。它是蒙古族历史文化、自然环境、民族心理、生活方式的集中展现，它不仅承载了中华民族丰富的情感，也融汇了中华民族超凡的想象力和睿智的设计构思。

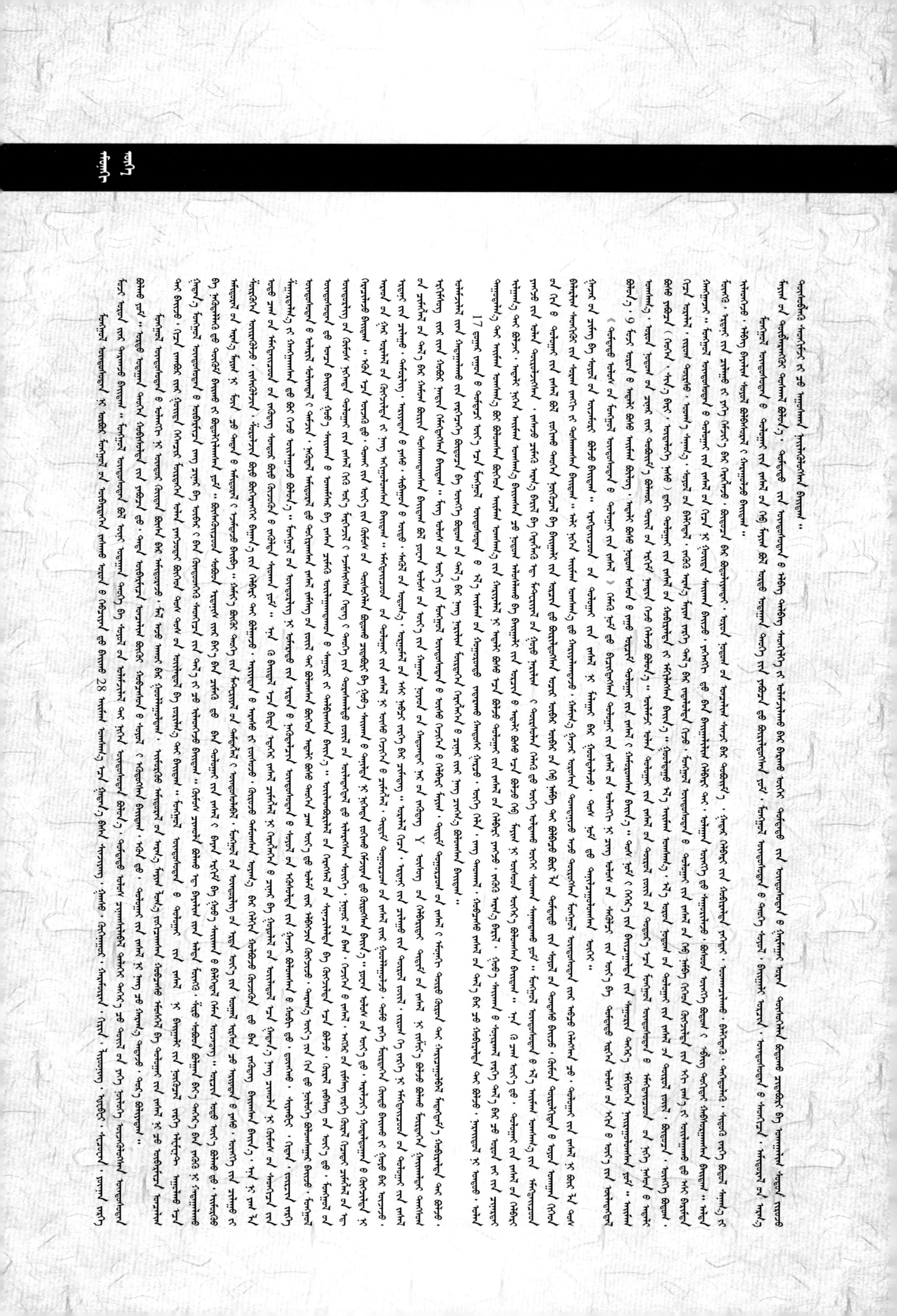

ᠮᠣᠩᠭᠣᠯ ᠡᠮᠨᠡᠯᠭᠡ ᠶᠢ [illegible] 28 [illegible]

[illegible] 17 [illegible]

[illegible] 9 [illegible]

[illegible] Y [illegible]

目录

ᠭᠠᠷᠴᠠᠭ

内蒙古蒙古族

ᠥᠪᠥᠷ ᠮᠣᠩᠭᠣᠯ ᠤᠨ ᠮᠣᠩᠭᠣᠯ ᠦᠨᠳᠦᠰᠦᠲᠡᠨ

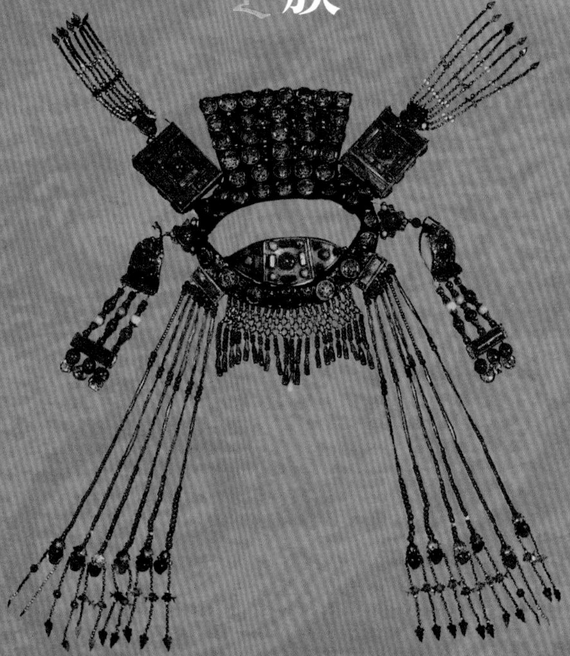

鄂尔多斯

[伊金霍洛旗]

头饰一：由头饰（头围箍、额穗子、鬓穗、耳屏、后屏）、连垂（发棒、辫套）2部分组成，属于围箍辫套组合式结构。银质或银鎏金，以红色为基调，多镶嵌红珊瑚，再配以绿松石、青金石。采用錾花、掐丝与镶嵌等工艺制作。

头围箍，高6厘米，是青布做成的上窄下宽的环形软头套，转圈排列着10个方形银片，银片中间嵌以半圆形红珊瑚珠，尤以当额为最大，上下边饰点缀1排红珊瑚。额穗子由银珠编成哈那形网帘，垂双层红珊瑚坠子，依眉心人字形散开。鬓穗，主要由大颗的红珊瑚珠串联，长45厘米，隔间点缀圆形绿松石，每侧6条。中间是3个双鼓面的圆固，其下延伸出2层，各9条、45条银索链，加层中间吊鱼符、吉祥结，且互不连缀，末端垂银铃。耳屏长16厘米，宽10厘米，耳面钉缀有一百多颗红珊瑚，下端半圆形，遮双耳。后屏上窄下宽呈凸字形，长28厘米，底宽25厘米，排列有二百多颗红珊瑚，中间点缀银片或绿松石片，直接挂在后围箍上，耳屏与后屏互不连缀。连垂（发棒、辫套）总长65厘米，发棒上端里用软木，外絮棉，用青布包裹成D字形，外罩裹发扇，扇高15厘米，长18厘米，用青布缝制，外侧钉纽襻，面上排列一百多颗红珊瑚，中间镶嵌D字形银片。戴时圆头一侧靠脸颊，此面缀有银蝴蝶。辫套，圆口，上粗下细，用厚布缝制，发棒下端的木柄可直接插入，中间饰以蝴蝶银牌，辫套的下端是三角形飘带。

整套头饰选料考究，装饰豪华气派，后屏硕大，鬓穗直垂而下，雕镂饱满，布局精巧，从形制、工艺到重量均属头饰之最。戴在头上可谓琳琅璀璨，具有“头饰之冠”的美誉，堪称蒙古族头饰的极品。选用蝙蝠、凤鸟、鱼、蝴蝶、八宝、云纹、哈那纹、四艺、牡丹等图案装饰，又利用 “蝠”与“福”，“鱼”与“余”的谐音，表示人们对吉祥生活的美好企盼。蝙蝠，古人视其为神异，象征着福运、福气。鱼纹和蝴蝶纹在鄂尔多斯头饰上的应用非常普遍。双鱼、群鱼，象征部族兴旺发达，生活富足美满。

佩戴方法：把头发从额顶中间分开，每侧均等地分成 6 ～ 13 股，编成 6 ～ 13 根细辫子；把编好的辫子缠在包布的木缘上，用红头绳上下缠紧，罩上裹发扇，以此固定；木缘的下端插进辫套内，后侧系扣，垂至胸前两侧，戴上耳坠，再戴上头围箍。

头饰二：由头饰（头围箍、额穗子、鬓穗、耳屏、后屏）、连垂（发棒、辫套）组成，属于围箍辫套组合式结构。银质，以红色为基调，多镶嵌红珊瑚，再配以绿松石和青金石。采用錾花、掐丝与镶嵌等工艺制作。

头围箍，高6厘米，是青布做成的立式环形头套，面上转圈排列着10个方形银片，银片中间嵌以半圆形红珊瑚珠，当额上下装饰绿松石蝴蝶，上下两个边各装饰2～3排红珊瑚珠。额穗子由银珠编成哈那形网帘，垂双层红珊瑚和绿松石坠子，依眉心人字形散开。鬓穗，主要由大颗的红珊瑚珠串联，长45厘米，隔间点缀条形绿松石、银片，每侧5条，中间是5个双鼓面的圆固，其下又延伸出各10条银索链，加层中间吊鱼符，且互不连缀，末端垂银铃。耳屏长14厘米，宽10厘米，耳面缀满红珊瑚，下端呈半圆形。后屏上窄下宽呈凸字形，长26厘米，底宽25厘米，装饰有整排的红珊瑚，上端和中间点缀银片，直接挂在后围箍上，耳屏与后屏互不连缀。连垂（发棒、辫套）总长65厘米，发棒里用软木，外絮棉，用青布包裹成D字形，外罩裹发扇，扇高15厘米，长18厘米，用青布缝制，外侧钉纽襻，面上排列着红珊瑚，中间镶嵌方形银片，银丝沿边。戴时圆头一侧靠脸颊，此面缀有银蝴蝶。辫套，圆口，上粗下细，用厚布缝制，发棒下端的木柄可直接插入，中间和三角形飘带上饰以银牌。

整套头饰豪华凝练，鬓穗和后屏搭配精巧，煜煜璀璨，用蝙蝠、凤鸟、鱼、蝴蝶、八宝、牡丹花等图案装饰，并通过这些神奇的纹饰，将祈福纳祥的观念，含蓄曲折地表现在头饰上，成为佳品。

佩戴方法：把头发从额顶中间分开，每侧均等地分成 6 ～ 13 股，编成 6 ～ 13 根细辫子；把编好的辫子缠在包布的木缘上，用红头绳上下缠紧，罩上裹发扇，以此固定；木缘的下端插进辫套内，后侧系扣，垂至胸前两侧，戴上耳坠，再戴上头围箍。

鄂尔多斯

[准格尔旗]

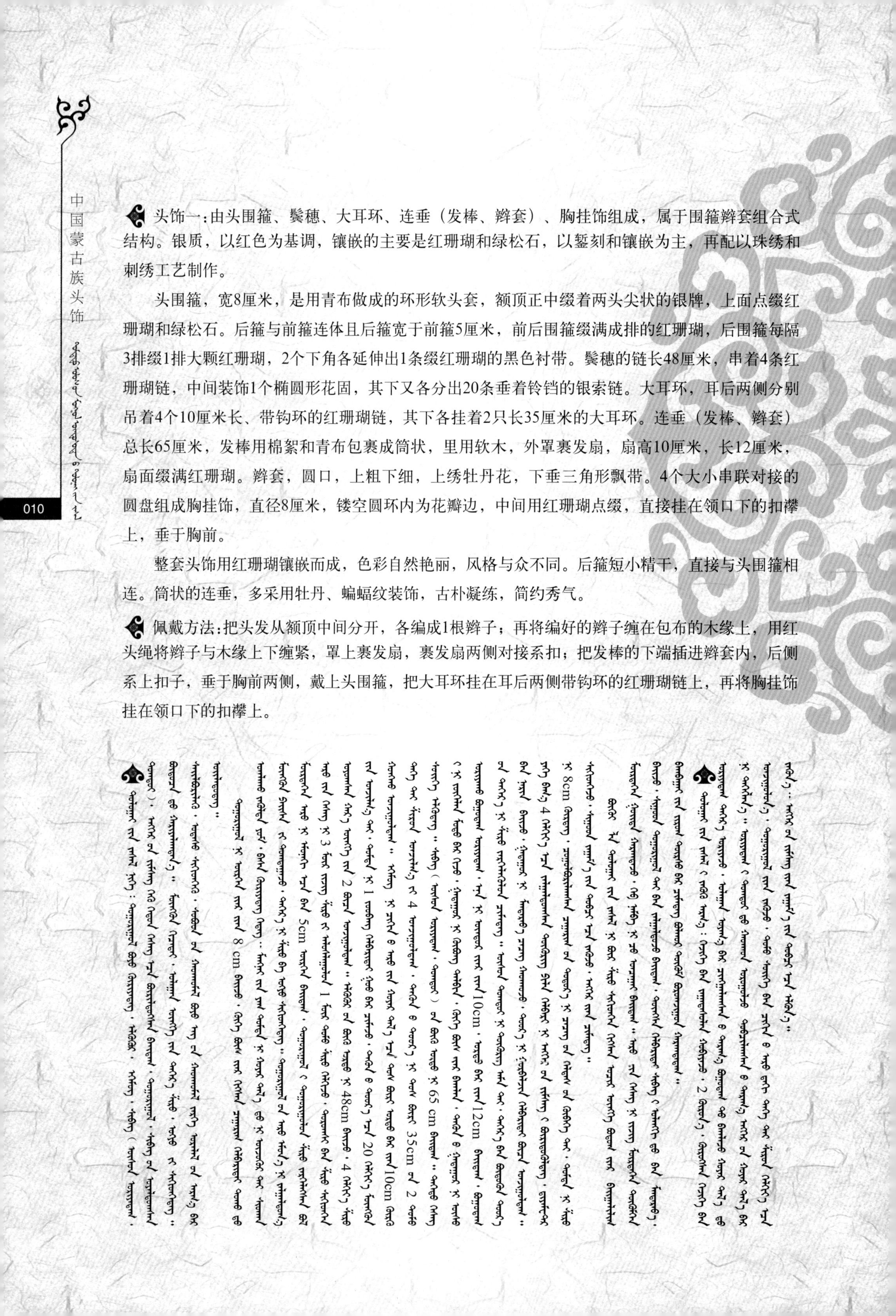

头饰一：由头围箍、鬓穗、大耳环、连垂（发棒、辫套）、胸挂饰组成，属于围箍辫套组合式结构。银质，以红色为基调，镶嵌的主要是红珊瑚和绿松石，以錾刻和镶嵌为主，再配以珠绣和刺绣工艺制作。

头围箍，宽8厘米，是用青布做成的环形软头套，额顶正中缀着两头尖状的银牌，上面点缀红珊瑚和绿松石。后箍与前箍连体且后箍宽于前箍5厘米，前后围箍缀满成排的红珊瑚，后围箍每隔3排缀1排大颗红珊瑚，2个下角各延伸出1条缀红珊瑚的黑色衬带。鬓穗的链长48厘米，串着4条红珊瑚链，中间装饰1个椭圆形花固，其下又各分出20条垂着铃铛的银索链。大耳环，耳后两侧分别吊着4个10厘米长、带钩环的红珊瑚链，其下各挂着2只长35厘米的大耳环。连垂（发棒、辫套）总长65厘米，发棒用棉絮和青布包裹成筒状，里用软木，外罩裹发扇，扇高10厘米，长12厘米，扇面缀满红珊瑚。辫套，圆口，上粗下细，上绣牡丹花，下垂三角形飘带。4个大小串联对接的圆盘组成胸挂饰，直径8厘米，镂空圆环内为花瓣边，中间用红珊瑚点缀，直接挂在领口下的扣襻上，垂于胸前。

整套头饰用红珊瑚镶嵌而成，色彩自然艳丽，风格与众不同。后箍短小精干，直接与头围箍相连。筒状的连垂，多采用牡丹、蝙蝠纹装饰，古朴凝练，简约秀气。

佩戴方法：把头发从额顶中间分开，各编成1根辫子；再将编好的辫子缠在包布的木缘上，用红头绳将辫子与木缘上下缠紧，罩上裹发扇，裹发扇两侧对接系扣；把发棒的下端插进辫套内，后侧系上扣子，垂于胸前两侧，戴上头围箍，把大耳环挂在耳后两侧带钩环的红珊瑚链上，再将胸挂饰挂在领口下的扣襻上。

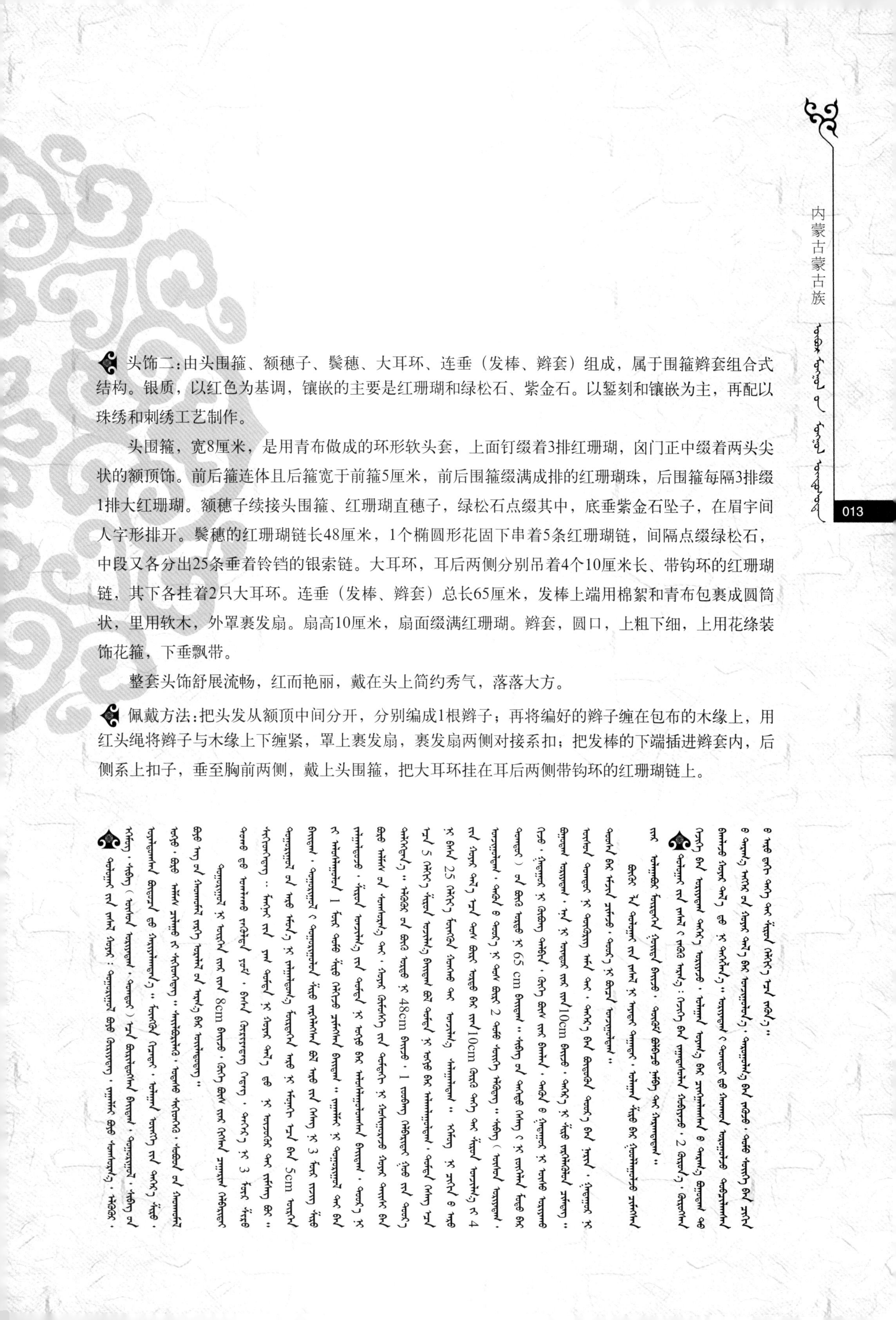

头饰二：由头围箍、额穗子、鬓穗、大耳环、连垂（发棒、辫套）组成，属于围箍辫套组合式结构。银质，以红色为基调，镶嵌的主要是红珊瑚和绿松石、紫金石。以錾刻和镶嵌为主，再配以珠绣和刺绣工艺制作。

头围箍，宽8厘米，是用青布做成的环形软头套，上面钉缀着3排红珊瑚，囟门正中缀着两头尖状的额顶饰。前后箍连体且后箍宽于前箍5厘米，前后围箍缀满成排的红珊瑚珠，后围箍每隔3排缀1排大红珊瑚。额穗子续接头围箍、红珊瑚直穗子，绿松石点缀其中，底垂紫金石坠子，在眉宇间人字形排开。鬓穗的红珊瑚链长48厘米，1个椭圆形花固下串着5条红珊瑚链，间隔点缀绿松石，中段又各分出25条垂着铃铛的银索链。大耳环，耳后两侧分别吊着4个10厘米长、带钩环的红珊瑚链，其下各挂着2只大耳环。连垂（发棒、辫套）总长65厘米，发棒上端用棉絮和青布包裹成圆筒状，里用软木，外罩裹发扇。扇高10厘米，扇面缀满红珊瑚。辫套，圆口，上粗下细，上用花绦装饰花箍，下垂飘带。

整套头饰舒展流畅，红而艳丽，戴在头上简约秀气，落落大方。

佩戴方法：把头发从额顶中间分开，分别编成1根辫子；再将编好的辫子缠在包布的木缘上，用红头绳将辫子与木缘上下缠紧，罩上裹发扇，裹发扇两侧对接系扣；把发棒的下端插进辫套内，后侧系上扣子，垂至胸前两侧，戴上头围箍，把大耳环挂在耳后两侧带钩环的红珊瑚链上。

鄂尔多斯

［达拉特旗］

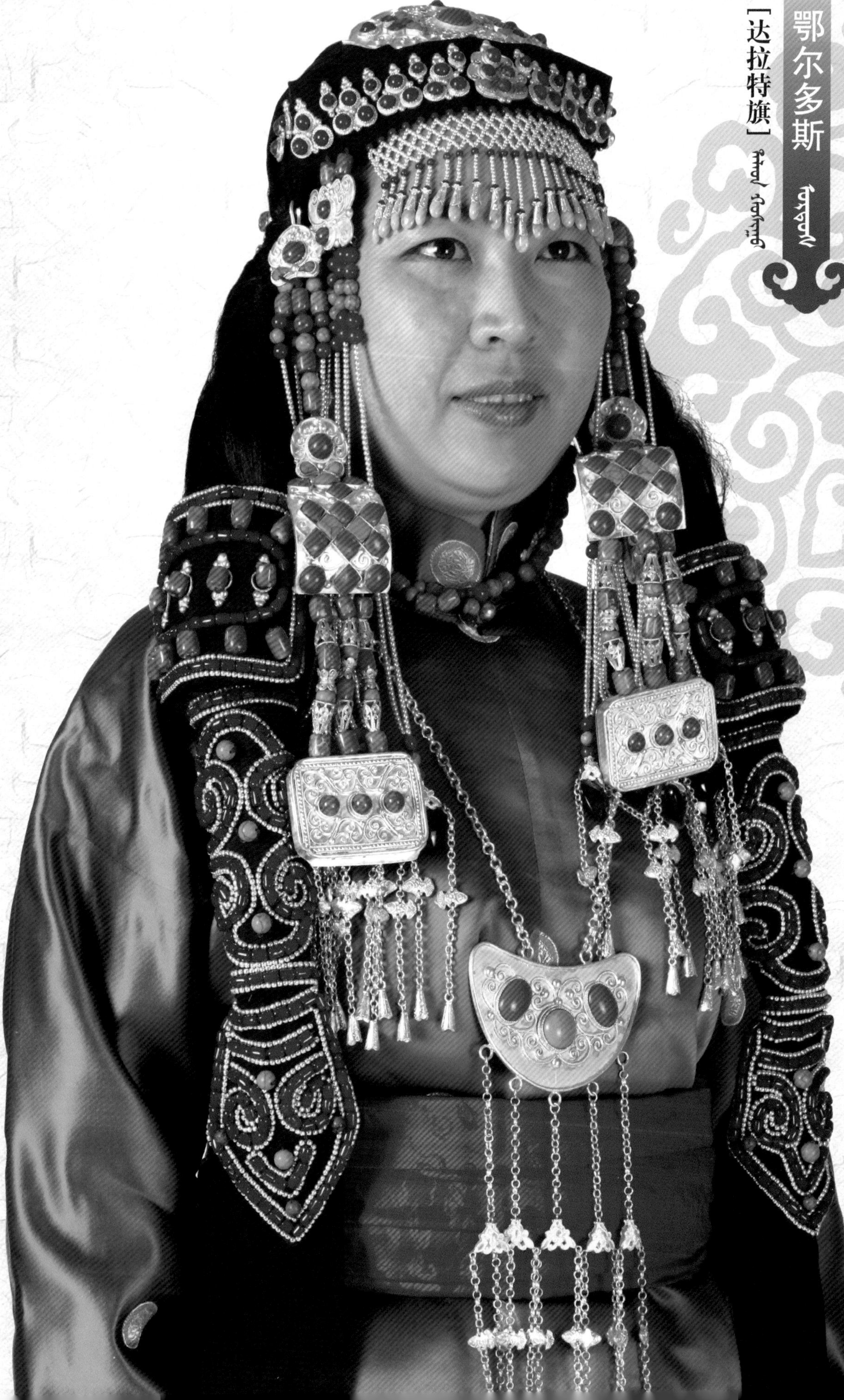

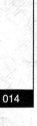

头饰：由额顶饰、头围箍、额穗子、鬓穗、坠链（绥赫）、后箍、连垂（发棒、辫套）、胸挂饰组成，属于围箍辫套组合式结构。银质，以红色为基调，镶嵌的主要是红珊瑚，再搭配以绿松石、珍珠、玛瑙、翡翠等宝石，以掐丝、錾刻和镶嵌为主，再辅以珠绣等工艺制作而成。

额顶饰，菱形，花边，其上嵌红珊瑚和绿松石，戴在颅顶上方。头围箍，是镶着23颗三角形银托的环形软头套，每个托上嵌着3颗红珊瑚，正中托为最大。额穗子，呈人字形，由银珠编成哈那形网帘状，在眉宇间散开，底帘垂绿翡翠坠子。鬓穗，每侧5条，长45厘米，由银珠和红珊瑚、绿松石分层互串而成，中间镶桃形玛瑙，银鱼坠下又延伸出10条银索链，由蝴蝶吊牌连接，挂在两鬓的头围箍上。坠链长35厘米，由4条珠链和1个弓形牌、3个直坠子、1个方形银牌组成，中间的坠子短，两边的穗子长，珠链其下又分出8条银索链，与耳后的吊环相连。后箍上下钉缀着2排共22枚三角形银托，上镶红珊瑚，两个下角又各延伸出1条间隔嵌有18颗红珊瑚和绿松石的黑布垫带，在前下颌处对接系之。连垂（发棒、辫套）总长75厘米，发棒用青布和棉絮包裹成圆筒状，内用软木，外罩裹发扇，扇面镶满红珊瑚。辫套，圆口，上粗下细，用珍珠和红珊瑚珠排列成方胜和汗宝古图案，下垂三角形飘带。胸挂饰，为半圆形银牌，中间镶1颗红珊瑚和2颗绿松石，底垂5条20厘米长的银索链，直接挂在颈项上，垂于胸前。

整套头饰以鱼纹、蝙蝠、蝴蝶、卷云纹装饰，风姿娴雅。千百年来鱼纹一直是民间不可或缺的吉祥图案。蒙古族佩饰中对此图案的运用，虽然风格不同，但它的美好寓意是相同的。他们采用谐音、象征等表现手法，将纳祥祈福的思想观念含蓄地化为纹样，通过精湛的工艺表现出来。“金鱼”与“金玉”谐音，喻为金玉满堂， 所以达官贵人常佩戴金银制作的鱼符，以明贵贱。鱼也象征着富裕兴旺，鱼纹又有子孙繁衍之意。这些吉祥物和吉祥图案，同样都寄托了人们对美好生活的追求与企盼。

佩戴方法：双耳挂坠，把头发从额顶中间分开，左右各编1根辫子；再将编好的辫子缠在包布的木缘上，用红头绳将辫子与木缘上下缠紧，罩上裹发扇，扇的两端对接系上纽扣，然后将发棒的下端插进辫套内，垂至胸前两侧；戴上头围箍，围箍两鬓挂上坠链，将胸挂饰带在颈项上。

鄂尔多斯

[鄂托克旗]

[鄂托克前旗]

头饰：由头围箍、额穗子、鬓穗、后屏、耳屏、连垂（发棒、辫套）组成，属于围箍辫套组合式结构。银质，以红色为基调，镶嵌的主要是红珊瑚、绿松石、青金石等宝石。以錾刻和镶嵌为主，再配以刺绣等工艺制作。

头围箍是青布做成的立式环形箍，宽 7 厘米，整圈钉缀着 10 个长方形银片，上面镶嵌有大小 20 个圆托，托上各嵌有 10 个半圆形红珊瑚和绿松石，上下沿装饰两圈红珊瑚，托的周边浮雕有梅花和卷草。额穗子，由银珠编成哈那形网帘，底吊红珊瑚坠子，垂于眉宇间，呈人字形。鬓穗长 48 厘米，上下由红珊瑚珠，中间 1 个条形绿松石串成，每侧 6 条，2 个 1 组，套着鼓面圆固，又分段延伸出 6 条、18 条银索链，底垂银铃。后屏上窄下宽，呈凸字形，长 25 厘米，底宽 22 厘米，镶有五百多颗红珊瑚，中间点缀 3 个银牌，底沿各排列 1 行绿松石和红珊瑚。耳屏，长 14 厘米，宽 10 厘米，上缀一百多颗红珊瑚，末端呈半圆形，装饰与后屏相同。连垂（发棒、辫套）总长 80 厘米，发棒上端用青布和棉包裹成扁圆的 D 字形，里用软木，外罩裹发扇。扇高 13 厘米，宽 16 厘米，用青布缝制，扇面缀满红珊瑚，中间嵌有 2 块刻有卷草纹的方形银牌，脸颊两侧装饰蝴蝶银牌，银丝沿边。裹发扇底垂 30 厘米长的哈那形网状穗子，分层又延伸出 32 条银索链。辫套，圆口，中间装饰花瓣、菱形宝瓶、凤鸟银牌，下垂三角形飘带。

整套头饰雍容华贵，内敛雅致，鬓穗与连垂交相辉映，美艳夺目。缀满红珊瑚的后屏与点翠的银牌，色彩搭配和谐。采用吉祥的凤鸟、云纹、蝴蝶、缠枝、宝瓶等图案装饰，给人以粗犷大气之感。宝瓶又预示着千万甘露，满足众生之愿望，包罗善业与智慧、清静与财运，有福智圆满，聚宝不漏的吉祥寓意。凤鸟是传说中的神鸟，有美丽祥和之意。蝴蝶常常用来象征生活美满和长寿，表达了人们企盼吉祥平安、兴旺发达的美好愿望。

佩戴方法：先挂上耳坠，把头发从额顶中间分开，均等地分成 2 股；每股分别编成 4 ~ 8 根小辫子，再把编好的辫子缠在包布的木缘上，用红头绳上下系紧，罩上裹发扇；固定好后，把发棒的下端插进辫套内，后侧系扣，垂于胸前两侧；戴上头围箍，再戴上坤秋帽，帽子与围箍之间系上绸巾，左侧打结垂穗子。

鄂尔多斯

[杭锦旗]

头饰一：由头围箍、额穗子、鬓穗、坠链（绥赫）、后屏、连垂（发棒、辫套）、胸挂饰、背挂饰组成，属于围箍辫套组合式结构。银质，以红色为基调，镶嵌的主要是红珊瑚和青金石、绿松石、玛瑙，以掐丝、錾刻和镶嵌等工艺制作而成。

头围箍是用青布制成的环形软头套，宽 6 厘米，用 3 个圆箍拼成 6 厘米长的花牌，缀在当额与两鬓，花牌边缘点缀银珠。后围箍上，间隔钉缀着 1 排圆箍和四角银托，花牌上均嵌以红珊瑚和绿松石。由银珠和红珊瑚互串的额穗子呈哈那状，人字形，底垂青金石和绿松石坠子。两侧垂 5 条银珠和红珊瑚隔段串成的鬓穗子，长 35 厘米，蝙蝠坠下又分出 3 条吊有银铃的银索链。坠链，45 厘米长，4 条旒疏中间夹 1 个弓形牌、3 个直坠子、1 个方牌，两边穗子短，中间坠子长，直接挂在头围箍上。后屏上大下小，与头围箍连体，底沿续接 1 个长 10 厘米的短屏，上屏面上排列着成排的两头尖状的银托，中间点缀绿松石牌。下屏面镶满红珊瑚，两侧各点缀 1 个刻着梅花的绿松石牌，上下 2 屏总长 22 厘米。连垂（发棒、辫套）总长 75 厘米，发棒上端用青布和棉絮包裹成扁圆的 D 字形，内用软木，外罩裹发扇。扇高 10 厘米，缀满红珊瑚的扇面上嵌有 2 块长方形绿松石牌，面上刻花。辫套，圆口，上下口转圈沿彩绦，三角形飘带上缀满红珊瑚。胸挂饰，红珊瑚和绿松石珠链层叠相套，挂在颈项上。背挂饰，长 85 厘米，上窄下宽，竖着排列着红珊瑚和绿松石，底垂红丝线穗子。

整套头饰造型别致、五彩斑斓，稀疏的鬓穗长而飘逸、自然质朴。“鱼”与“蝠”在人们的观念里，是最吉祥的图案组合，常用来装饰头饰，再配以缠枝、兰萨、梅花，简洁而率真，表达了鄂尔多斯妇女朴素的民族感情。

佩戴方法：先挂上耳坠，把头发从额顶中间分开，分别编成 1 根辫子；将编好的辫子缠在包布的木缘上，用红头绳将辫子与木缘上下缠紧，罩上裹发扇，扇的两侧对接系上纽扣；再将发棒的下端插进辫套内，后侧系扣，垂于胸前两侧；戴上头围箍，围箍两侧挂上坠链，戴上胸挂饰和背挂饰。

头饰二：由头围箍、额穗子、鬓穗、坠链（绥赫）、后屏、连垂（发棒、辫套）、胸挂饰、背挂饰组成，属于围箍辫套组合式结构。银质，以红色为基调。以掐丝、錾刻和镶嵌等工艺制作而成。

头围箍是用青布制成的环形软头套，6厘米宽，当额与两鬓有3个圆固拼成的长方形花牌，花牌边饰用银珠点缀。后围箍上间隔钉缀着1排花瓣形银固和腰形托，上嵌以红珊瑚。额穗子由银珠和红珊瑚编成哈那状，以人字形散于眉宇间，底垂绿松石坠子。鬓穗，5个银柱下各垂着5条绿松石和红珊瑚隔段串成的旒疏，长35厘米，桃形坠下又延伸出10条吊银铃的索链。坠链，50厘米长，4条旒疏中间夹1个弓形牌、3个直坠子、1个方牌和3根红珊瑚链。两边穗子短，中间坠子长，穗子中间吊鱼符。后屏与头围箍连体，红珊瑚沿边，上大下小，底沿续接1个长10厘米的短屏，总长22厘米。上屏面排列着两头尖状的银托和6块绿松石花牌，托的边沿点缀银珠，绿松石花牌上刻有梅花。下屏面上缀着3块刻有梅花的绿松石牌，周边围3圈红珊瑚。连垂（发棒、辫套）总长75厘米，发棒上端用青布和棉絮包裹成扁圆的D字形，内用软木，外罩裹发扇。扇高10厘米，缀满红珊瑚的扇面上嵌有2块刻花的长方形绿松石，石面刻花。辫套，圆口，端面刺绣梅花，上下口裹彩绦，三角形飘带上缀满红珊瑚。胸挂饰，20条红珊瑚链和1条绿松石链层叠相套，两头钉缀在黑布垫带上，在颈项上对接。背挂饰，长85厘米，上窄下宽，竖着排列红珊瑚和绿松石，底垂红丝线穗子。

整套头饰美艳至极，堪称一件完美的工艺品。头饰与胸挂饰、背挂饰浑然一体，珠联璧合，有一种富丽华贵的美感。

佩戴方法：把头发从额顶中间分开，分别编成1根辫子；将编好的辫子缠在包布的木缘上，用红头绳将辫子与木缘上下缠紧，罩上裹发扇，扇的两侧对接系上纽扣；再将发棒的下端插进辫套内，后侧系扣，垂于胸前两侧；戴上头围箍，围箍两侧挂上坠链，带上胸挂饰和背挂饰。

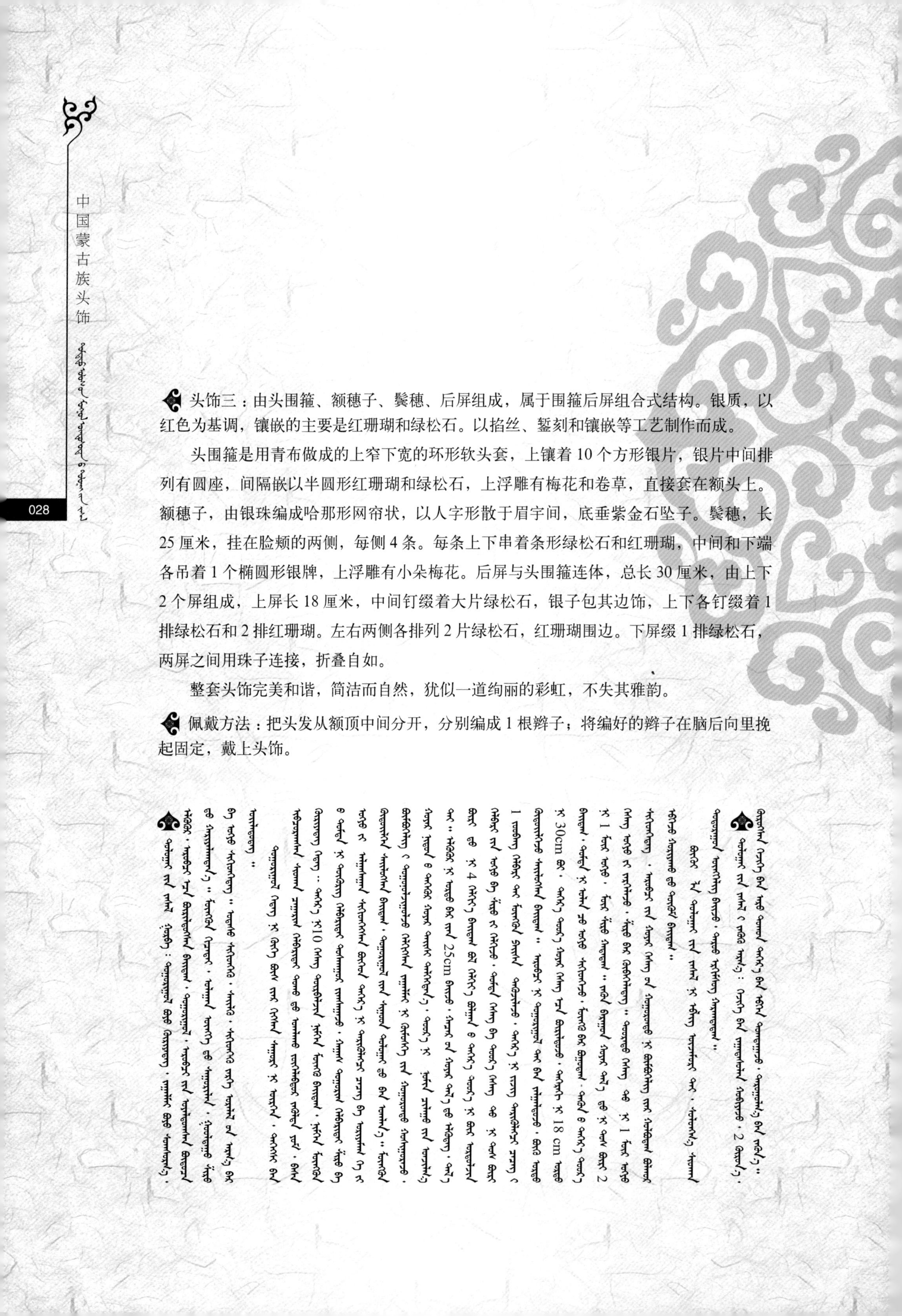

头饰三：由头围箍、额穗子、鬓穗、后屏组成，属于围箍后屏组合式结构。银质，以红色为基调，镶嵌的主要是红珊瑚和绿松石。以掐丝、錾刻和镶嵌等工艺制作而成。

头围箍是用青布做成的上窄下宽的环形软头套，上镶着10个方形银片，银片中间排列有圆座，间隔嵌以半圆形红珊瑚和绿松石，上浮雕有梅花和卷草，直接套在额头上。额穗子，由银珠编成哈那形网帘状，以人字形散于眉宇间，底垂紫金石坠子。鬓穗，长25厘米，挂在脸颊的两侧，每侧4条。每条上下串着条形绿松石和红珊瑚，中间和下端各吊着1个椭圆形银牌，上浮雕有小朵梅花。后屏与头围箍连体，总长30厘米，由上下2个屏组成，上屏长18厘米，中间钉缀着大片绿松石，银子包其边饰，上下各钉缀着1排绿松石和2排红珊瑚。左右两侧各排列2片绿松石，红珊瑚围边。下屏缀1排绿松石，两屏之间用珠子连接，折叠自如。

整套头饰完美和谐，简洁而自然，犹似一道绚丽的彩虹，不失其雅韵。

佩戴方法：把头发从额顶中间分开，分别编成1根辫子；将编好的辫子在脑后向里挽起固定，戴上头饰。

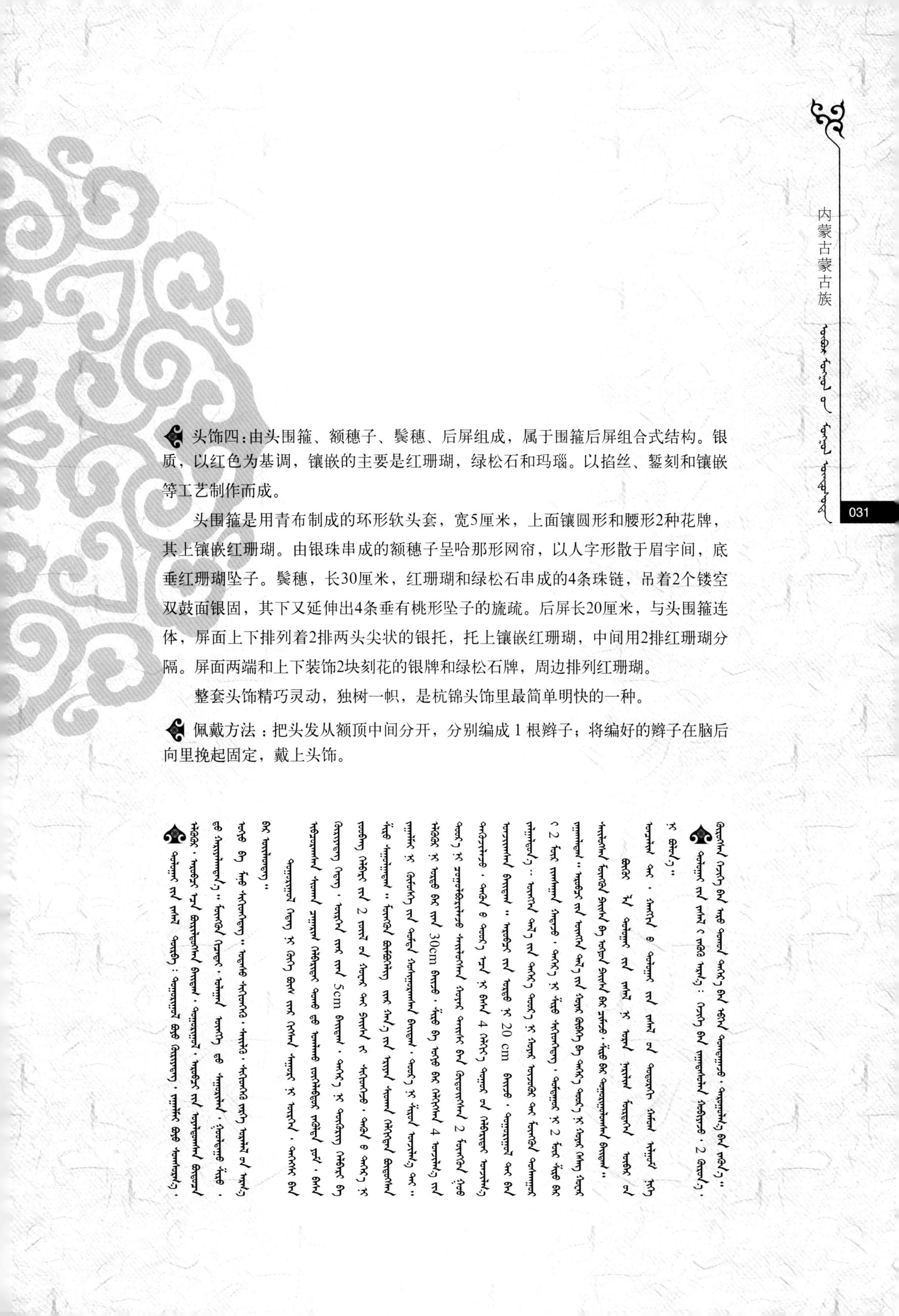

头饰四：由头围箍、额穗子、鬓穗、后屏组成，属于围箍后屏组合式结构。银质，以红色为基调，镶嵌的主要是红珊瑚，绿松石和玛瑙。以掐丝、錾刻和镶嵌等工艺制作而成。

头围箍是用青布制成的环形软头套，宽5厘米，上面镶圆形和腰形2种花牌，其上镶嵌红珊瑚。由银珠串成的额穗子呈哈那形网帘，以人字形散于眉宇间，底垂红珊瑚坠子。鬓穗，长30厘米，红珊瑚和绿松石串成的4条珠链，吊着2个镂空双鼓面银固，其下又延伸出4条垂有桃形坠子的旒疏。后屏长20厘米，与头围箍连体，屏面上下排列着2排两头尖状的银托，托上镶嵌红珊瑚，中间用2排红珊瑚分隔。屏面两端和上下装饰2块刻花的银牌和绿松石牌，周边排列红珊瑚。

整套头饰精巧灵动，独树一帜，是杭锦头饰里最简单明快的一种。

佩戴方法：把头发从额顶中间分开，分别编成 1 根辫子；将编好的辫子在脑后向里挽起固定，戴上头饰。

鄂尔多斯

ᠣᠷᠳᠣᠰ

[乌审旗]

ᠦᠦᠰᠢᠨ ᠬᠣᠰᠢᠭᠤ

头饰：由头围箍、额穗子、鬓穗、耳屏、后屏、连垂（发棒、辫套）、胸挂饰组成，属于围箍辫套组合式结构。银质或银烧蓝，以红色为基调，镶嵌的主要是红珊瑚和绿松石。采用掐丝、烧蓝等工艺制作。

头围箍，是青布制作的立式环形硬箍，宽 7 厘米，转圈围着 10 个方形錾花银片，每个银片上和接缝处均有一大一小 2 个圆托，11 颗红珊瑚和绿松石间隔搭配。由银珠编成哈那形网帘的额穗子散于眉宇间，呈人字形，底帘垂红珊瑚坠子。鬓穗，每侧 5 条，长 13 厘米，每条由 5 颗红珊瑚和 1 个条状的绿松石串成，每条珠链下均垂有 1 个双鼓面的圆固。耳屏长 15 厘米，宽 11 厘米，耳面排列有 77 多颗红珊瑚珠，银丝纳边，下端呈半圆形，中间方形银牌的花纹与后屏相同，遮两耳。后屏长 33 厘米，底宽 23 厘米，上窄下宽呈凸字形，与头围箍相连接，排列有 3 百多颗红珊瑚，上下缘装饰烧蓝的方形银牌，牌上錾刻缠枝纹，底沿装饰 1 排绿松石。连垂（发棒、辫套）总长 75 厘米，发棒上端软木包棉，外裹青布缝制成扁圆的 D 字形，外罩镶满红珊瑚的裹发扇，扇长 18 厘米，高 12 厘米，中间嵌 1 块银牌，一侧钉纽襻，靠脸颊一侧装饰银蝙蝠。辫套的端面缀着 10 块方形、半圆形、菱形錾花银牌，图案有蝙蝠、莲花、凤鸟纹。辫套，圆口，下垂三角形飘带。胸挂饰为方形银牌，中间镶大颗红珊瑚，底垂 5 条银索链，由银链相连直接挂在颈项上。

整套头饰造型别致，立式围箍豪华气派，短至耳际的鬓穗与银牌相得益彰，龙、凤、蝙蝠、缠枝、莲花、梅花等图案点缀其中，精美程度令人惊叹。在民间，龙是一个集合的概念，是观念世界中的神秘形象。它意味着能降福于人，与凤、莲搭配，更显其富贵。在鄂尔多斯头饰中，莲花的使用范围极广。这一图案装饰在头饰上，具有美好吉祥的寓意。

佩戴方法：把头发从额顶中间分开，每侧均等地分成 6 股，编成 6 根辫子；把编好的辫子缠在包布的木缘上端，用红头绳将辫子与木缘上下缠紧，罩上裹发扇，扇的两侧对接系上纽扣以此固定。把发棒的下端插进辫套内，后侧系扣，垂至胸前两侧，胸挂饰戴在颈项上，垂于胸前。

科尔沁

头饰一：由红珊瑚额带、扁方、簪、钗、步摇、辫筒、耳坠组成，属于簪钗组合式结构。铜、银或银鎏金，以红色和银色基调搭配，以红珊瑚、绿松石、翡翠、玛瑙、玉等宝石为主装饰。采用鎏金和镶嵌工艺制作而成。

红珊瑚额带有 2 条，是在红布垫带上钉缀着 3 ～ 5 排红珊瑚珠，宽 5 厘米，长约 32 厘米。当额和两鬓对称装饰着长方形绿松石牌，其上刻有盘长和梅花，末端串着绿松石蝙蝠和元宝。银镶红珊瑚扁方，一横两竖，一大两小，一侧设有圆轴。横的扁平呈一字形，长 17 厘米。竖的呈锥形，上宽下窄，其上刻有缠枝和花草纹，镶嵌有红珊瑚和绿松石。簪，针挺，有荷花纹点翠耳挖簪、梅花纹点翠耳挖簪、梅花托簪。托簪一般上下带有托盘，用来托住发辫。钗，有银鹤纹头钗、银菊花纹头簪、银点蓝菊花纹头钗。步摇，有银盘长纹步摇、银蝴蝶纹步摇、银扇形步摇。辫筒，6 厘米长，直径 3 厘米，空心，两侧银包边，中间外裹小粒红珊瑚珠。耳坠，钩形耳挂，前坠下垂珍珠旒疏。

整套头饰由 17 个插件组合而成，采用了缠枝、梅花、盘长、元宝、蝙蝠等图案装饰。簪、钗、扁方、步摇均属妇女的发间饰品，用来挽束头发，有时多件组合使用，有时选择其中一两件搭配，效果极佳。簪的使用比较随意，可以从上而下，也可以由下而上，可径直插入，也可以斜插，尤其是梳高发髻时，此类的装饰品更是不可或缺。簪头纹饰精细玲珑，手法变化多端。用缠枝纹点缀的簪和衩，历代盛行。它将花朵、花蕾、苞叶、果实组合在连绵不断的藤蔓上，曲折繁盛的形态，因其连绵不断，而寓“ 生生不息”，有一种富贵华美之感，有极高的艺术价值。

佩戴方法：将头发梳顺，从额顶中间分缝，再从两耳上方把头发前后分开，用红头绳把后侧的发根缠绕二指许，分别编成 1 根辫子；把辫筒套在发辫的根部，2 支竖扁方从前插进辫筒内，再从 2 个辫筒的后侧各插入 1 根托簪，两辫顺着发迹从托盘中交叉穿过，前后盘索在扁方下固定；将大扁方横亘在头顶上端，将两耳上方各留出的 1 缕长发，向里拧成 1 股，也可编成辫子，顺着两鬓向后盘索，再用红绸沿着发髻缠绕；将 2 条红珊瑚额带横箍在前额上方，从脑后系紧，发髻的两侧插上簪和钗，双耳挂坠。

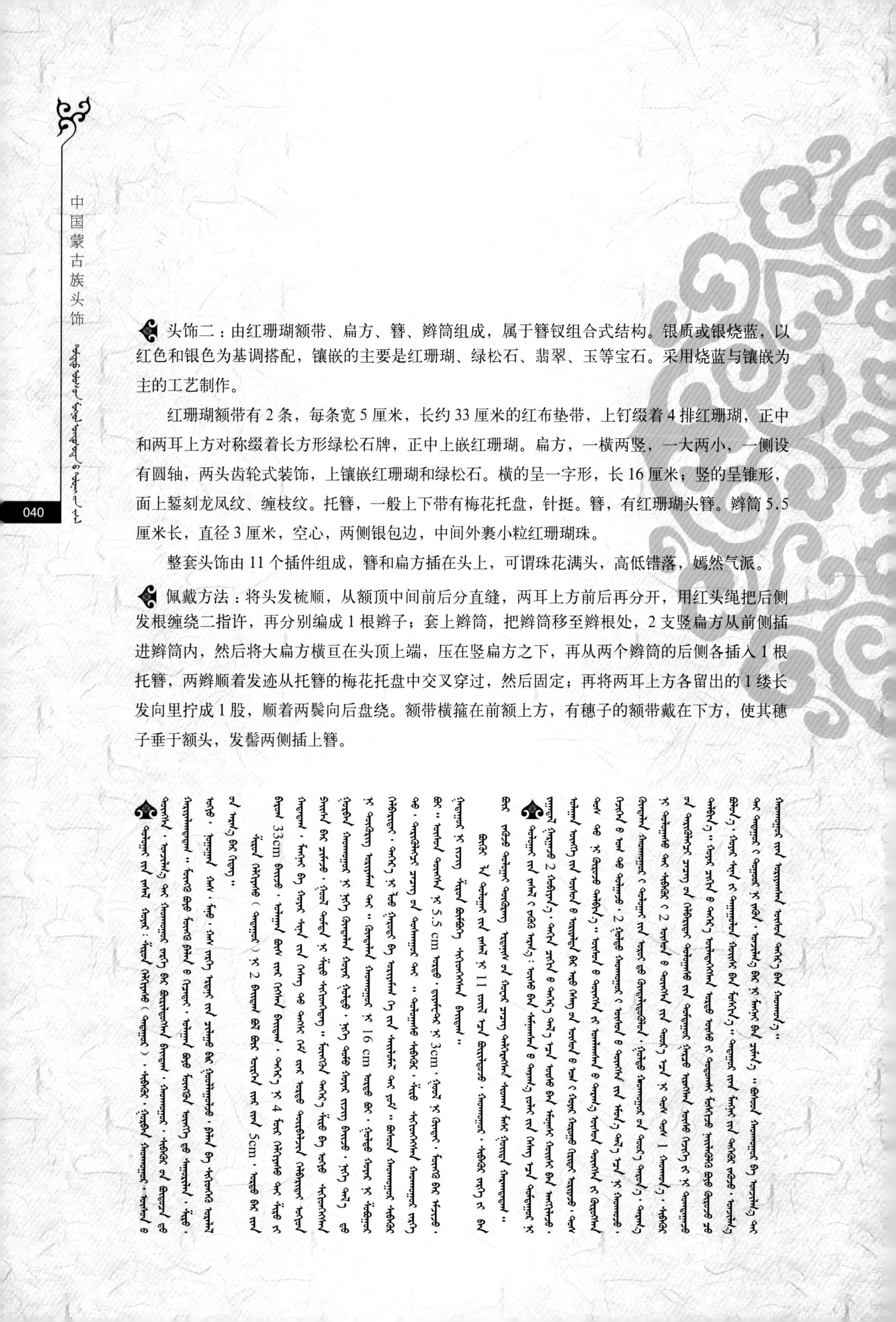

头饰二：由红珊瑚额带、扁方、簪、辫筒组成，属于簪钗组合式结构。银质或银烧蓝，以红色和银色为基调搭配，镶嵌的主要是红珊瑚、绿松石、翡翠、玉等宝石。采用烧蓝与镶嵌为主的工艺制作。

红珊瑚额带有 2 条，每条宽 5 厘米，长约 33 厘米的红布垫带，上钉缀着 4 排红珊瑚，正中和两耳上方对称缀着长方形绿松石牌，正中上嵌红珊瑚。扁方，一横两竖，一大两小，一侧设有圆轴，两头齿轮式装饰，上镶嵌红珊瑚和绿松石。横的呈一字形，长 16 厘米；竖的呈锥形，面上錾刻龙凤纹、缠枝纹。托簪，一般上下带有梅花托盘，针挺。簪，有红珊瑚头簪。辫筒 5.5 厘米长，直径 3 厘米，空心，两侧银包边，中间外裹小粒红珊瑚珠。

整套头饰由 11 个插件组成，簪和扁方插在头上，可谓珠花满头，高低错落，嫣然气派。

佩戴方法：将头发梳顺，从额顶中间前后分直缝，两耳上方前后再分开，用红头绳把后侧发根缠绕二指许，再分别编成 1 根辫子；套上辫筒，把辫筒移至辫根处，2 支竖扁方从前侧插进辫筒内，然后将大扁方横亘在头顶上端，压在竖扁方之下，再从两个辫筒的后侧各插入 1 根托簪，两辫顺着发迹从托簪的梅花托盘中交叉穿过，然后固定；再将两耳上方各留出的 1 绺长发向里拧成 1 股，顺着两鬓向后盘绕。额带横箍在前额上方，有穗子的额带戴在下方，使其穗子垂于额头，发髻两侧插上簪。

扎鲁特

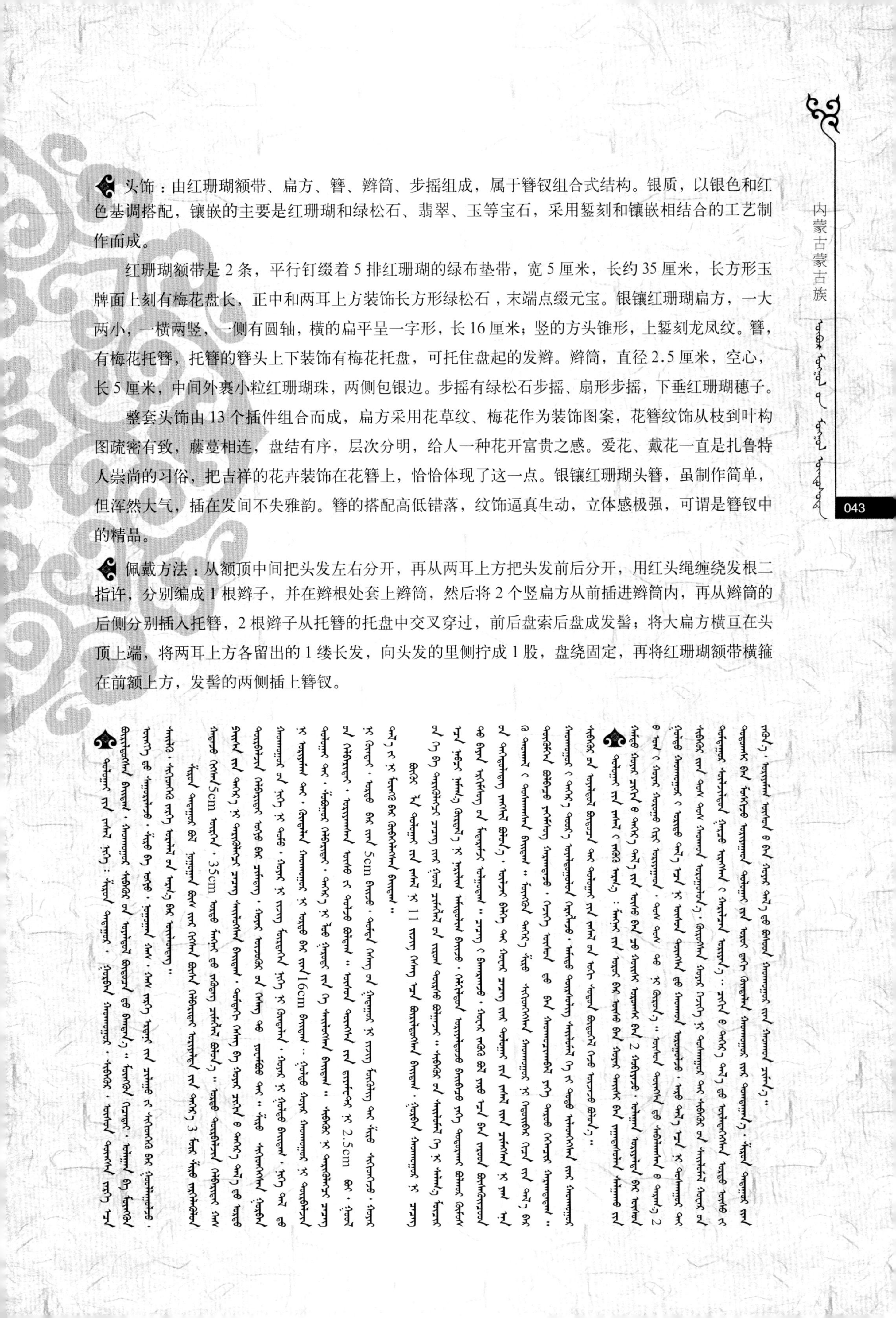

头饰：由红珊瑚额带、扁方、簪、辫筒、步摇组成，属于簪钗组合式结构。银质，以银色和红色基调搭配，镶嵌的主要是红珊瑚和绿松石、翡翠、玉等宝石，采用錾刻和镶嵌相结合的工艺制作而成。

红珊瑚额带是 2 条，平行钉缀着 5 排红珊瑚的绿布垫带，宽 5 厘米，长约 35 厘米，长方形玉牌面上刻有梅花盘长，正中和两耳上方装饰长方形绿松石，末端点缀元宝。银镶红珊瑚扁方，一大两小，一横两竖，一侧有圆轴，横的扁平呈一字形，长 16 厘米；竖的方头锥形，上錾刻龙凤纹。簪，有梅花托簪，托簪的簪头上下装饰有梅花托盘，可托住盘起的发辫。辫筒，直径 2.5 厘米，空心，长 5 厘米，中间外裹小粒红珊瑚珠，两侧包银边。步摇有绿松石步摇、扇形步摇，下垂红珊瑚穗子。

整套头饰由 13 个插件组合而成，扁方采用花草纹、梅花作为装饰图案，花簪纹饰从枝到叶构图疏密有致，藤蔓相连，盘结有序，层次分明，给人一种花开富贵之感。爱花、戴花一直是扎鲁特人崇尚的习俗，把吉祥的花卉装饰在花簪上，恰恰体现了这一点。银镶红珊瑚头簪，虽制作简单，但浑然大气，插在发间不失雅韵。簪的搭配高低错落，纹饰逼真生动，立体感极强，可谓是簪钗中的精品。

佩戴方法：从额顶中间把头发左右分开，再从两耳上方把头发前后分开，用红头绳缠绕发根二指许，分别编成 1 根辫子，并在辫根处套上辫筒，然后将 2 个竖扁方从前插进辫筒内，再从辫筒的后侧分别插入托簪，2 根辫子从托簪的托盘中交叉穿过，前后盘索后盘成发髻；将大扁方横亘在头顶上端，将两耳上方各留出的 1 绺长发，向头发的里侧拧成 1 股，盘绕固定，再将红珊瑚额带横箍在前额上方，发髻的两侧插上簪钗。

扎赉特

头饰：由额箍、红珊瑚额带、扁方、簪、钗、辫筒组成，属于簪钗组合式结构。银质或银烧蓝，以红色和银色基调搭配，镶嵌的主要是红珊瑚和绿松石。采用烧蓝、掐丝等工艺制作而成。

额箍，银质，弧形镂空，长 20 厘米，宽 6 厘米，花丝盘结缠枝纹，形态婉转曲折，箍的下端垂有 20 个叶形坠子，两鬓各垂 20 厘米长的银索链，一般戴在红珊瑚额带的上端。红珊瑚额带，是一条宽 5 厘米、长约 33 厘米的青布垫带，上钉缀着 5 排红珊瑚，正中嵌以点翠蝴蝶银牌，上镶红珊瑚，两侧对称缀以长方形绿松石和绿松石元宝。银镶红珊瑚扁方，一大两小，一横两竖，一侧设有塔形齿轮式圆轴，横的扁平呈一字形，长 16 厘米，竖的呈锥形，面上装饰深红、翠绿、深蓝、浅蓝珐琅彩花草和缠枝纹。簪，有银镶红珊瑚圆头簪、银缠枝纹耳挖簪、银梅花托簪，针挺。辫筒，6 厘米长，直径 3 厘米，空心，两侧包银边，中间外裹小粒红珊瑚珠。

整套头饰由 13 个插件组合而成，以缠枝纹为主，再配以梅花、云纹、盘长、卷草、叶形纹。扎赉特头饰中最美的佩饰可谓是银头箍了，它由银丝编结而成，弧度圆润自然，盘花错落有致，挂满叶形坠子，立体感极强。花簪与扁方纹饰疏密规整，卷草委婉多姿，具有流动的韵律感，戴上后显得儒雅端庄，平添了几分生机与活力。

佩戴方法：将头发从额顶中间分开，再从两耳上方前后分开，用红头绳缠绕发根二指许，编好 2 根辫子，把辫筒套在发辫的根部，2 支竖扁方从前插进辫筒内，再从后侧各插入 1 根梅花托簪，两辫顺着发迹从左右托簪的托盘中交叉穿过，前后交叉盘索后结为发髻；将大扁方横亘在头顶上端，将两耳上方各留出的 1 缕长发，向里拧成 1 股（也可编成辫子），顺着两鬓向后盘绕，外用红绸顺着盘好的发髻缠绕；再将红珊瑚额带横箍在前额上方，上面戴上额箍，发髻的两侧插上簪、钗。

敖汉

头饰一：由额箍、红珊瑚额带、扁方、步摇、簪、辫筒、耳坠组成，属于簪钗组合式结构。银质或银烧蓝，以红色和银色基调搭配，镶嵌的主要是红珊瑚、绿松石、翡翠、玛瑙等宝石。采用烧蓝、镶嵌和錾刻等工艺制作。

额箍，银质，弧形，面上微鼓，银丝镂空叠加，长 25 厘米，宽 6 厘米，上浮雕有草龙、翔凤图案，当额凸起的火纹中嵌以红珊瑚，箍下并排吊着 11 个银牌，每个银牌下又分出 3 个叶形坠子，戴在红珊瑚额带的上端。红珊瑚额带是一条长约 35 厘米、宽 5 厘米的青布垫带，上钉缀着 5 排红珊瑚，正中与两鬓上方嵌以长方形银牌，边缘银烧蓝，绿松石蝙蝠点缀两端。扁方，一横两竖，横的扁平呈一字形，长 16 厘米，竖的呈锥形，一侧设有圆轴，齿形花边，面上錾刻梅花，花瓣由红珊瑚和绿松石珠围成。步摇，有盘银花步摇、蝙蝠步摇，上下双层吊牌，针挺，吊牌下各垂着 3 条穗子。簪，有梅花托簪、银镶红珊瑚扁簪，扁圆形簪头，刻有云纹和叶形纹。辫筒长 4.5 厘米，直径 3 厘米，空心，两侧银包边，中间外裹小粒红珊瑚珠。耳坠长 5 厘米，钩形耳挂上装饰梅花托，下垂银托和红珊瑚互串的坠子，1 个环上挂 2 串。

整套头饰由 15 个插件组合而成，采用龙凤、火纹、梅花、云纹、兰萨、盘长、叶形纹、莲花纹装饰。最美的要数银头箍了，此箍花纹凸起镂空，银丝盘索龙凤图案且两鬓垂着短旒疏。在民间，龙被视为吉祥物，龙凤相配，寓意龙凤呈祥。簪与步摇上装饰云纹与叶形纹，又配以蝴蝶、梅花和莲花。莲花集众花之美，尽显其富贵和吉祥，用此图案点缀，更增添了敖汉头饰的绚丽与多彩。

佩戴方法：把头发左右两分，两耳上方前后再分缝，用红头绳缠绕发根二指许，分别编成 1 根辫子；套上辫筒，并移至辫根处；2 支竖扁方从前插进辫筒内，然后将大扁方横亘在头顶上端，银镶红珊瑚扁簪从 2 个辫筒后部插入，两辫盘索交叉在辫根处固定；再将两耳上方各留出的 1 缕长发向里拧成 1 股，也可编成辫子，顺着两鬓向后盘绕结为发髻，外用红绸顺着盘好的发髻缠绕，再将红珊瑚额带横箍在前额上方，上面戴上额箍，发髻的两侧插上簪、步摇，两耳挂坠子。

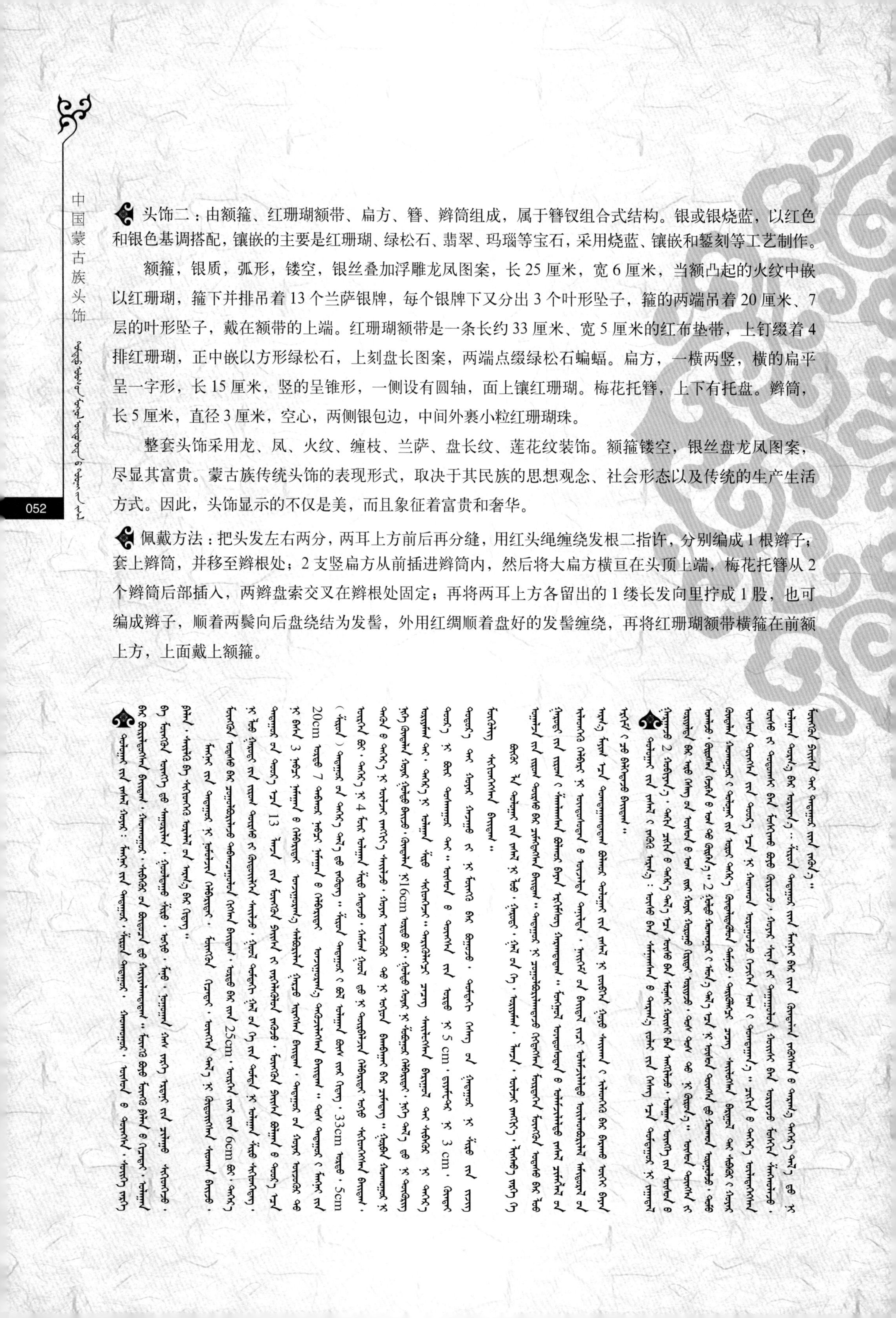

头饰二：由额箍、红珊瑚额带、扁方、簪、辫筒组成，属于簪钗组合式结构。银或银烧蓝，以红色和银色基调搭配，镶嵌的主要是红珊瑚、绿松石、翡翠、玛瑙等宝石，采用烧蓝、镶嵌和錾刻等工艺制作。

额箍，银质，弧形，镂空，银丝叠加浮雕龙凤图案，长 25 厘米，宽 6 厘米，当额凸起的火纹中嵌以红珊瑚，箍下并排吊着 13 个兰萨银牌，每个银牌下又分出 3 个叶形坠子，箍的两端吊着 20 厘米、7 层的叶形坠子，戴在额带的上端。红珊瑚额带是一条长约 33 厘米、宽 5 厘米的红布垫带，上钉缀着 4 排红珊瑚，正中嵌以方形绿松石，上刻盘长图案，两端点缀绿松石蝙蝠。扁方，一横两竖，横的扁平呈一字形，长 15 厘米，竖的呈锥形，一侧设有圆轴，面上镶红珊瑚。梅花托簪，上下有托盘。辫筒，长 5 厘米，直径 3 厘米，空心，两侧银包边，中间外裹小粒红珊瑚珠。

整套头饰采用龙、凤、火纹、缠枝、兰萨、盘长纹、莲花纹装饰。额箍镂空，银丝盘龙凤图案，尽显其富贵。蒙古族传统头饰的表现形式，取决于其民族的思想观念、社会形态以及传统的生产生活方式。因此，头饰显示的不仅是美，而且象征着富贵和奢华。

佩戴方法：把头发左右两分，两耳上方前后再分缝，用红头绳缠绕发根二指许，分别编成 1 根辫子；套上辫筒，并移至辫根处；2 支竖扁方从前插进辫筒内，然后将大扁方横亘在头顶上端，梅花托簪从 2 个辫筒后部插入，两辫盘索交叉在辫根处固定；再将两耳上方各留出的 1 缕长发向里拧成 1 股，也可编成辫子，顺着两鬓向后盘绕结为发髻，外用红绸顺着盘好的发髻缠绕，再将红珊瑚额带横箍在前额上方，上面戴上额箍。

喀尔喀

头饰一：由盔顶饰、鬓穗、发卡、辫套、耳坠组成，属于顶饰辫套组合式结构。银质或银鎏金，以银色和红色基调搭配。采用掐丝与镂空相结合的工艺，再镶嵌以大小红珊瑚和绿松石、珍珠制作成型。

盔顶饰为圆胎状，直径 15 厘米，大小仅可履顶，盔顶中央有直径 8 厘米的圆孔，把银丝变形为切圆、咬圆或 S 线形，镂空重叠 3 层，上下盘索丝丝相扣，编出缠枝和盘长曲线。顶层四周纹饰上嵌有 3 ~ 5 颗红珊瑚和绿松石，中间一层 4 面 4 个圆托上镶嵌 4 颗半圆形红珊瑚，尤以当额为最大。周边点缀成双成对的叶形红珊瑚，下沿一圈嵌着 48 颗红珊瑚珠。盔顶饰两侧设有护耳，前短后长呈弧形，中间镂空，边缘用银包裹，耳面布满缠枝，前端点缀 1 颗红珊瑚。长方形小后屏两角代爪，纹饰与耳屏相同，长 15 厘米。盔顶饰两边设有钩环，用来悬挂鬓穗。鬓穗上端为蝴蝶形吊牌，直接挂在耳屏前端的钩环上，下垂 30 厘米长的 7 条银穗子。发卡，每侧 5 只（3 只竖卡，1 只云头卡，1 只丁字卡），竖卡长 12、13 厘米不等，且中间卡子长，发根和发梢卡子短，卡面两端刻花并装点红珊瑚和绿松石，立着掐在发饰上。发梢用云头卡和丁字卡固定，并与辫套上口对接。辫套 120 厘米长，8 厘米宽，上口钉缀着 30 厘米长造型各异的银片，中间珠绣（红珊瑚）5 个盘长、方胜图案，下端用花绦和库锦包 20 厘米宽的花边。耳坠，钩环耳挂，法轮座下吊叶形坠子。

整套头饰从形制到工艺，堪称豪华绝美，以缠枝为主纹样，再配以卷云、盘长、方胜等图案。采用珠绣和贴绣等技法，手法灵活多变，与雅致的白银、精巧的花丝工艺形成强烈的对比，把头饰的精致和华美表现得淋漓尽致。它具有典型的古代文化风范，是蒙古族头饰中的上品。

佩戴方法：先将头发梳顺，从额顶中间均匀地分开，用自制的黏胶液从发根处往下涂抹，除了发梢之外，将头发粘成扁平状；用 10 厘米长、1 厘米宽的 2 个竹片，前后夹住头发，竹片上下两侧刻有凹槽，把黄羊筋拉成线，顺着凹槽前后缠绕固定。每隔 1 段掐 1 个，待黏胶液自然晾干后，卸下竹片，发饰竖起；将 3 只丁字卡由里向外并排掐在发饰上，每个相隔 7 厘米，云头卡包角，头发从中穿出编成辫子，装入辫套内，垂于胸前两侧；将盔顶饰戴在头顶靠前的位置，耳屏和后屏自然下垂。

[illegible]

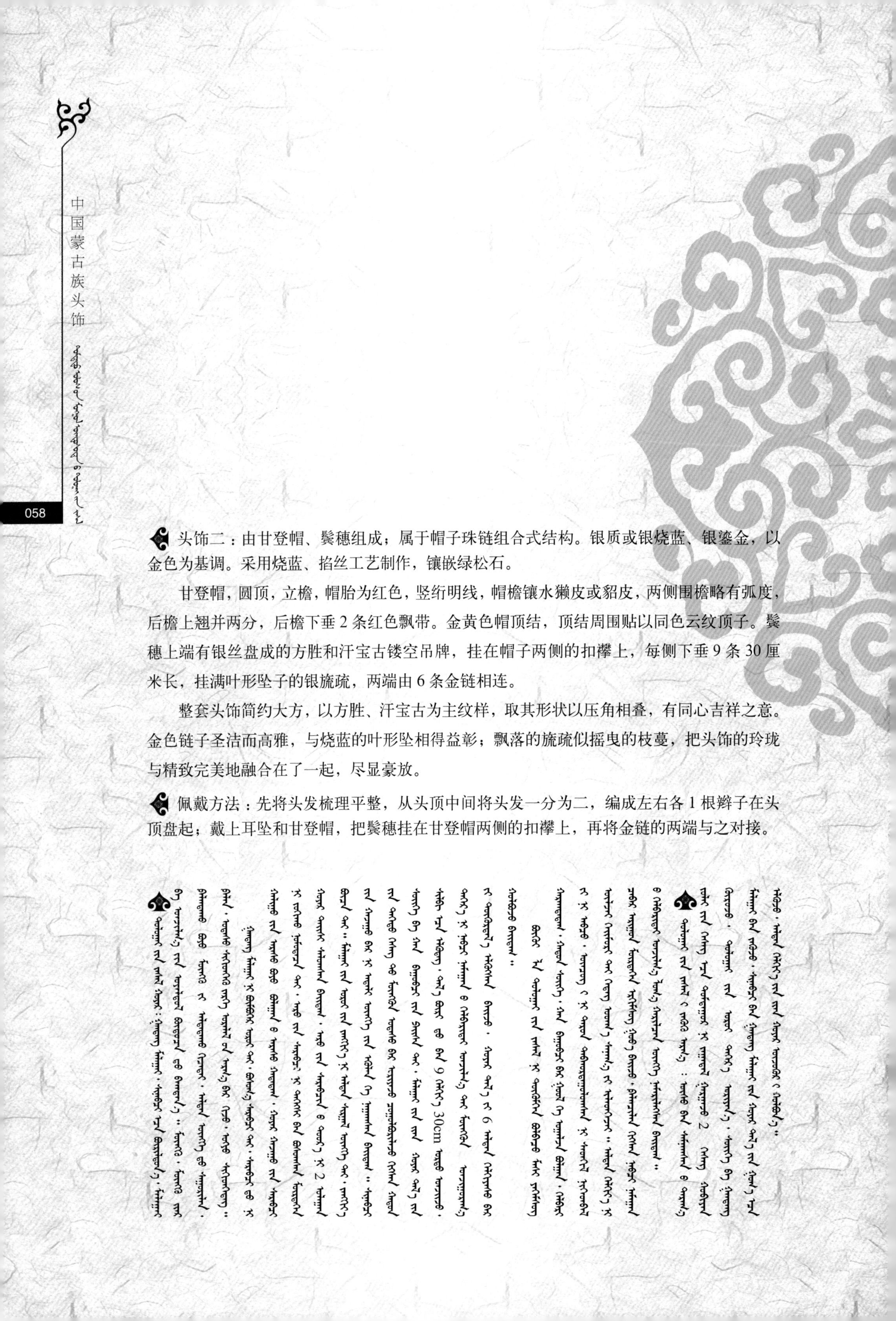

头饰二：由甘登帽、鬓穗组成；属于帽子珠链组合式结构。银质或银烧蓝、银鎏金，以金色为基调。采用烧蓝、掐丝工艺制作，镶嵌绿松石。

甘登帽，圆顶，立檐，帽胎为红色，竖绗明线，帽檐镶水獭皮或貂皮，两侧围檐略有弧度，后檐上翘并两分，后檐下垂 2 条红色飘带。金黄色帽顶结，顶结周围贴以同色云纹顶子。鬓穗上端有银丝盘成的方胜和汗宝古镂空吊牌，挂在帽子两侧的扣襻上，每侧下垂 9 条 30 厘米长，挂满叶形坠子的银旒疏，两端由 6 条金链相连。

整套头饰简约大方，以方胜、汗宝古为主纹样，取其形状以压角相叠，有同心吉祥之意。金色链子圣洁而高雅，与烧蓝的叶形坠相得益彰；飘落的旒疏似摇曳的枝蔓，把头饰的玲珑与精致完美地融合在了一起，尽显豪放。

佩戴方法：先将头发梳理平整，从头顶中间将头发一分为二，编成左右各 1 根辫子在头顶盘起；戴上耳坠和甘登帽，把鬓穗挂在甘登帽两侧的扣襻上，再将金链的两端与之对接。

巴尔虎 ᠪᠠᠷᠭᠤ

[新巴尔虎] ᠰᠢᠨᠡ ᠪᠠᠷᠭᠤ

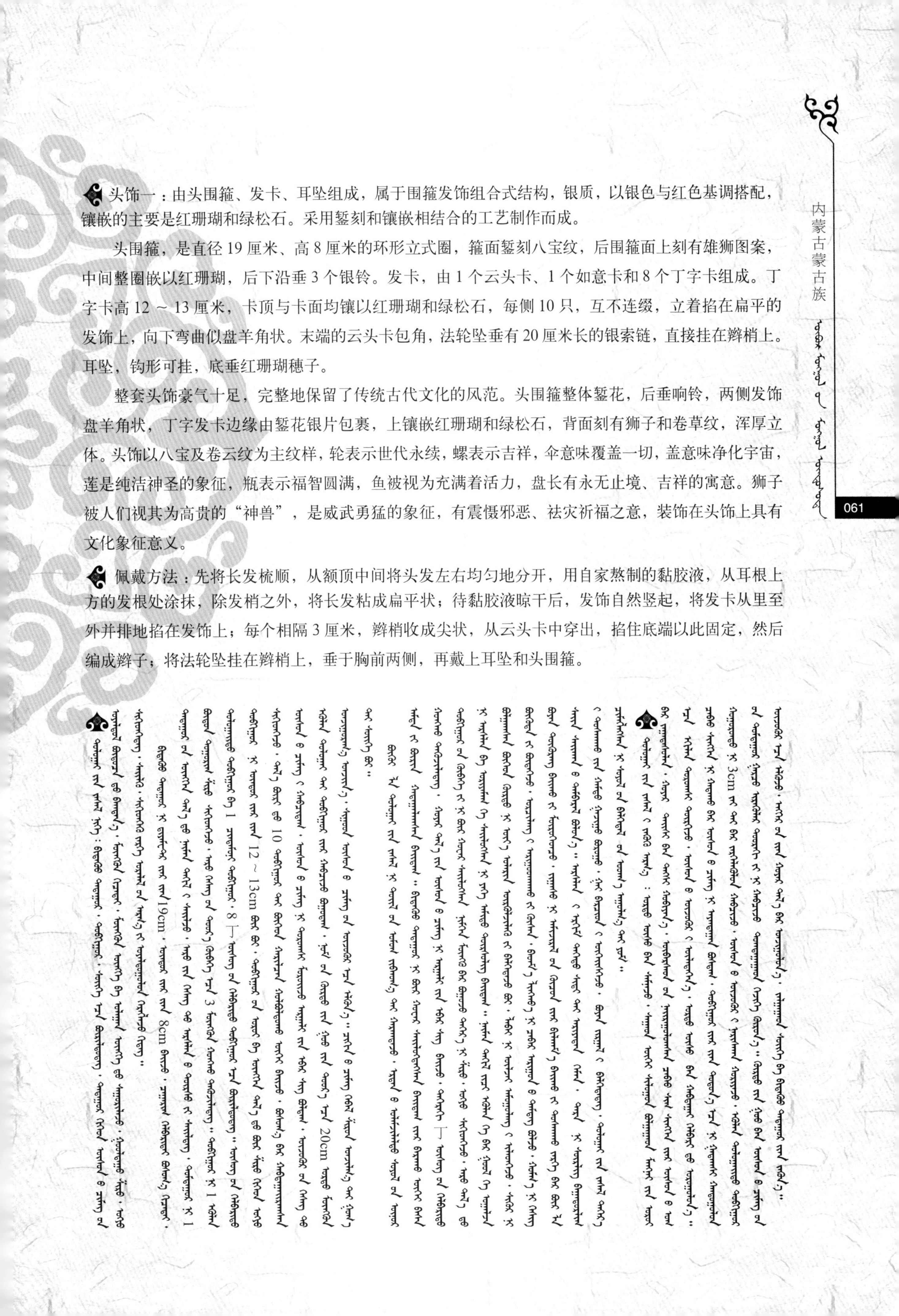

头饰一：由头围箍、发卡、耳坠组成，属于围箍发饰组合式结构，银质，以银色与红色基调搭配，镶嵌的主要是红珊瑚和绿松石。采用錾刻和镶嵌相结合的工艺制作而成。

头围箍，是直径 19 厘米、高 8 厘米的环形立式圈，箍面錾刻八宝纹，后围箍面上刻有雄狮图案，中间整圈嵌以红珊瑚，后下沿垂 3 个银铃。发卡，由 1 个云头卡、1 个如意卡和 8 个丁字卡组成。丁字卡高 12 ～ 13 厘米，卡顶与卡面均镶以红珊瑚和绿松石，每侧 10 只，互不连缀，立着掐在扁平的发饰上，向下弯曲似盘羊角状。末端的云头卡包角，法轮坠垂有 20 厘米长的银索链，直接挂在辫梢上。耳坠，钩形可挂，底垂红珊瑚穗子。

整套头饰豪气十足，完整地保留了传统古代文化的风范。头围箍整体錾花，后垂响铃，两侧发饰盘羊角状，丁字发卡边缘由錾花银片包裹，上镶嵌红珊瑚和绿松石，背面刻有狮子和卷草纹，浑厚立体。头饰以八宝及卷云纹为主纹样，轮表示世代永续，螺表示吉祥，伞意味覆盖一切，盖意味净化宇宙，莲是纯洁神圣的象征，瓶表示福智圆满，鱼被视为充满着活力，盘长有永无止境、吉祥的寓意。狮子被人们视其为高贵的“神兽”，是威武勇猛的象征，有震慑邪恶、祛灾祈福之意，装饰在头饰上具有文化象征意义。

佩戴方法：先将长发梳顺，从额顶中间将头发左右均匀地分开，用自家熬制的黏胶液，从耳根上方的发根处涂抹，除发梢之外，将长发粘成扁平状；待黏胶液晾干后，发饰自然竖起，将发卡从里至外并排地掐在发饰上；每个相隔 3 厘米，辫梢收成尖状，从云头卡中穿出，掐住底端以此固定，然后编成辫子；将法轮坠挂在辫梢上，垂于胸前两侧，再戴上耳坠和头围箍。

头饰二：由红缨帽、头围箍、发卡、耳坠、胸挂饰、肩饰、背挂饰组成，属于围箍发饰组合式结构，银质，以银色与红色基调搭配，镶嵌的主要是红珊瑚和绿松石。采用錾刻和镶嵌相结合的工艺制作。

红缨帽，帽檐镶水獭皮、貂皮或青绒，帽胎高挺呈圆锥形，帽顶缀红缨穗子。头围箍，是直径19厘米、高8厘米的环形立式圈，箍面錾刻八宝纹，后围箍面上刻有狮子图案，中间整圈嵌以红珊瑚，后下沿垂3个银铃。发卡，由1个云头卡和1个如意卡、8个丁字卡组成。丁字卡高12～13厘米，卡顶与卡面均镶红珊瑚和绿松石，每侧10只，互不连缀，立着掐在扁平的发饰上，向下弯曲似盘羊角状，末端的云头卡包角，头发从中穿出编成辫子，辫梢上挂着20厘米长的法轮坠。耳坠，圆固座上嵌红珊瑚和绿松石，底垂银穗子。胸挂饰方牌与如意牌连缀，面上錾刻莲花、云纹、缠枝，底垂3个红丝线穗子。肩饰方形，面上刻有卷草纹。背挂饰由3个大小不等，宽窄不一的方牌相串，面上镶嵌红珊瑚，刻有云纹、犄纹等图案，下挂5条红丝线穗子。

整套头饰极其讲究，头围箍与胸挂饰、背挂饰前后映衬，佩挂的饰物多而厚重，保留了传统的文化意蕴。在这些装饰品中所用的材料，如红珊瑚、玛瑙、绿松石、金、银、红蓝宝石等，作为头饰装饰，皆被赋予了祈福辟邪的寓意。

佩戴方法：先将长发梳顺，从额顶中间将头发左右均匀地分开，用自家熬制的黏胶液，从耳根上方的发根处涂抹，除发梢之外，将长发粘成扁平状；待黏胶液晾干后，发饰自然竖起，将发卡从里至外并排地掐在发饰上，每个相隔3厘米，辫梢收成尖状，从云头卡中穿出，掐住底端以此固定，然后编成辫子；将法轮坠挂在辫梢上，垂于胸前两侧，再戴上耳坠；然后将头围箍戴在头顶靠前的位置，上面戴上红缨帽，再戴上胸挂饰、肩饰、背挂饰。

巴尔虎

［陈巴尔虎］

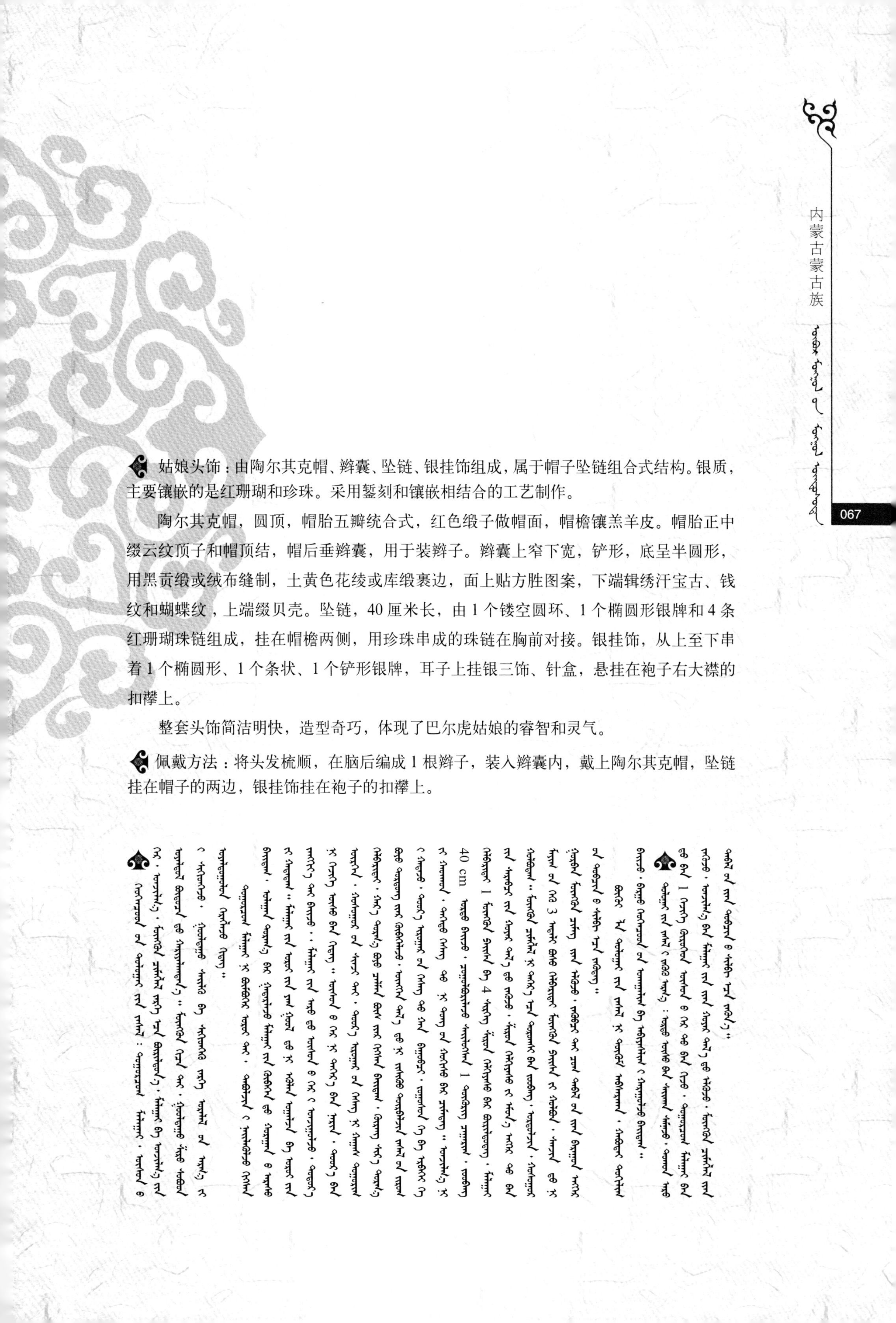

姑娘头饰：由陶尔其克帽、辫囊、坠链、银挂饰组成，属于帽子坠链组合式结构。银质，主要镶嵌的是红珊瑚和珍珠。采用錾刻和镶嵌相结合的工艺制作。

陶尔其克帽，圆顶，帽胎五瓣统合式，红色缎子做帽面，帽檐镶羔羊皮。帽胎正中缀云纹顶子和帽顶结，帽后垂辫囊，用于装辫子。辫囊上窄下宽，铲形，底呈半圆形，用黑贡缎或绒布缝制，土黄色花绫或库缎裹边，面上贴方胜图案，下端辑绣汗宝古、钱纹和蝴蝶纹，上端缀贝壳。坠链，40 厘米长，由 1 个镂空圆环、1 个椭圆形银牌和 4 条红珊瑚珠链组成，挂在帽檐两侧，用珍珠串成的珠链在胸前对接。银挂饰，从上至下串着 1 个椭圆形、1 个条状、1 个铲形银牌，耳子上挂银三饰、针盒，悬挂在袍子右大襟的扣襻上。

整套头饰简洁明快，造型奇巧，体现了巴尔虎姑娘的睿智和灵气。

佩戴方法：将头发梳顺，在脑后编成 1 根辫子，装入辫囊内，戴上陶尔其克帽，坠链挂在帽子的两边，银挂饰挂在袍子的扣襻上。

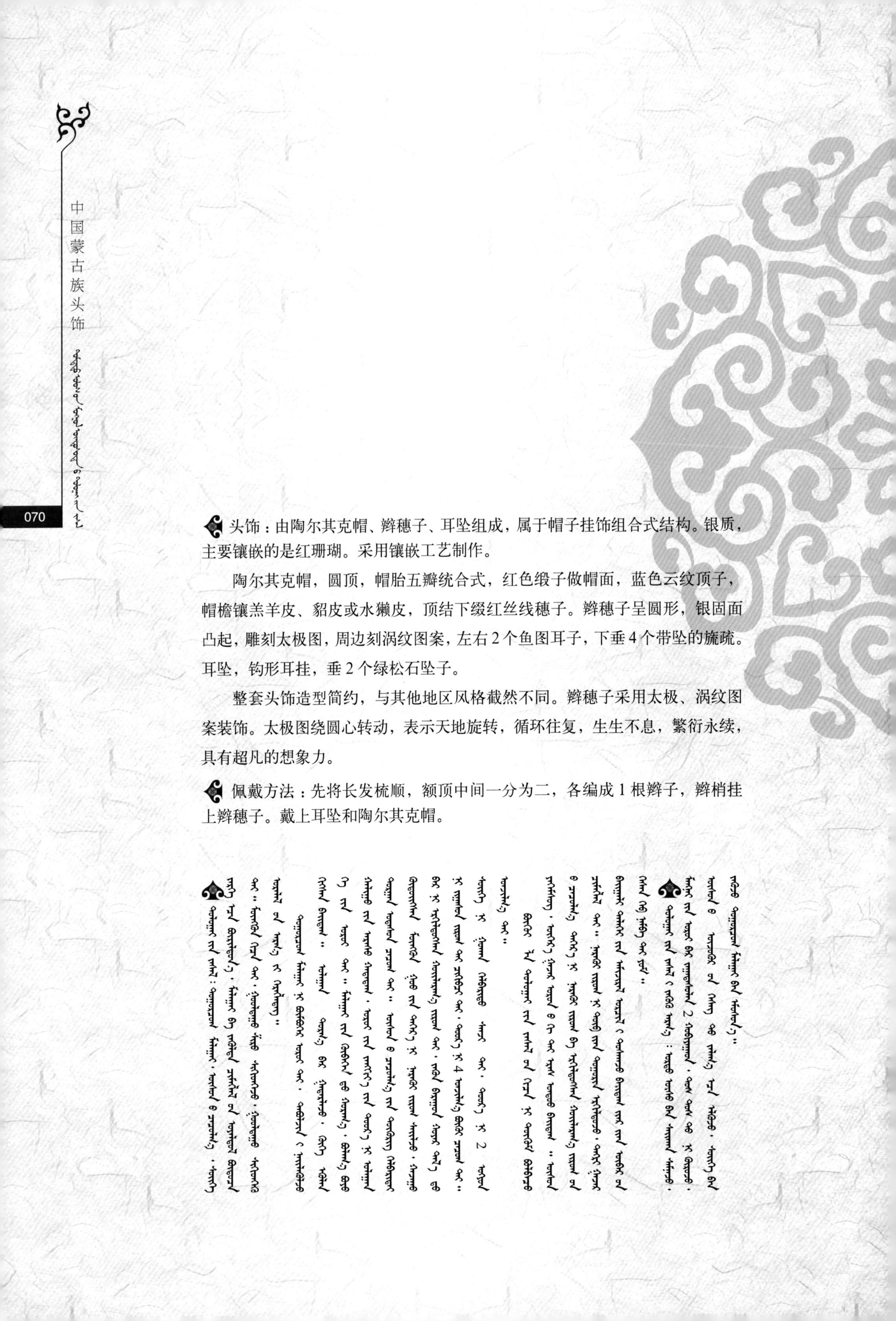

头饰：由陶尔其克帽、辫穗子、耳坠组成，属于帽子挂饰组合式结构。银质，主要镶嵌的是红珊瑚。采用镶嵌工艺制作。

陶尔其克帽，圆顶，帽胎五瓣统合式，红色缎子做帽面，蓝色云纹顶子，帽檐镶羔羊皮、貂皮或水獭皮，顶结下缀红丝线穗子。辫穗子呈圆形，银固面凸起，雕刻太极图，周边刻涡纹图案，左右 2 个鱼图耳子，下垂 4 个带坠的旒疏。耳坠，钩形耳挂，垂 2 个绿松石坠子。

整套头饰造型简约，与其他地区风格截然不同。辫穗子采用太极、涡纹图案装饰。太极图绕圆心转动，表示天地旋转，循环往复，生生不息，繁衍永续，具有超凡的想象力。

佩戴方法：先将长发梳顺，额顶中间一分为二，各编成 1 根辫子，辫梢挂上辫穗子。戴上耳坠和陶尔其克帽。

察哈尔

【锡林郭勒地区】

头饰：由额带、额穗子、鬓穗、坠链（绥赫）、发箍盒、月牙形盘花镂空盘与后屏（帘）、项链组成，属于围箍后屏组合式结构。银质或银鎏金，以红色为基调，以镶嵌红珊瑚为主，再配以绿松石、玛瑙、青金石、珍珠、白砗磲、碧玺等宝石。采用鎏金、掐丝和镶嵌等工艺制作。

额带是用青布做成的长 25 厘米、宽 5 厘米的条形衬带，缀有 13 个圆形和方形掐丝镂空托，上嵌有半圆形红珊瑚，尤以当额为最大，从额顶围至两耳后方与后屏上的月牙形盘花镂空盘对接。额穗子由珍珠串成旒疏，垂桃形红珊瑚坠子，呈人字形在额头散开，底垂红珊瑚坠子。鬓穗每侧 5 条，每条又延伸出 3 条珍珠链，链长 35 厘米，由半圆形镂空盘花银牌连缀，底垂红珊瑚桃形坠子，直接挂在红珊瑚额带上，从两鬓垂下。坠链是由小至大的 3 个方牌和 1 个弓形牌组成，弓形牌下垂着 3 个直坠子，牌与牌之间插入门，可以自由转动，牌面银丝盘结缠枝纹，并嵌以大颗红珊瑚，两侧用黑布搭带连接，横亘在头顶上方。发箍盒，长方形，7 厘米长，5 厘米宽，盒面微鼓，雕刻有花草纹，底插锁团，锁团里用软木，外絮棉，用青布包裹而缝制，插入盒内以封固头发。月牙形盘花镂空盘，两端与前额带相接，下挂 30 厘米长的后屏，帘子采用红珊瑚、绿松石、翡翠、玛瑙、碧玺等宝石隔层穿插编排成网格，底垂 15 条红珊瑚直穗子。项链里外 3 层，由小珍珠链串成，隔段点缀一颗大红珊瑚或绿松石。

整套头饰珠玉琳琅，璀璨生辉，以盘长、云纹、花草、龙纹等图案装饰，额带与月牙形盘花镂空盘相依相衬，网状后屏披挂于肩胛，自然拙美所形成的情趣，增加了头饰的绚丽与多彩，也展示了察哈尔妇女豪放的个性特征，极具地域性特色。

佩戴方法：将头发从额顶中间均匀地分开，左右各编成 1 根辫子，装入发箍盒内，并将其移至辫根处，从底部插入锁团，然后把辫子的下端缠绕在锁团的柄上，用红头绳扎紧固定，坠链的搭带横亘在头顶上方，项链挂在坠链两端的弓形牌上，把前额带与月牙形盘花镂空盘对接，戴在头上，月牙形盘花镂空盘自然翘起，底挂后屏。

察哈尔

【乌兰察布地区】

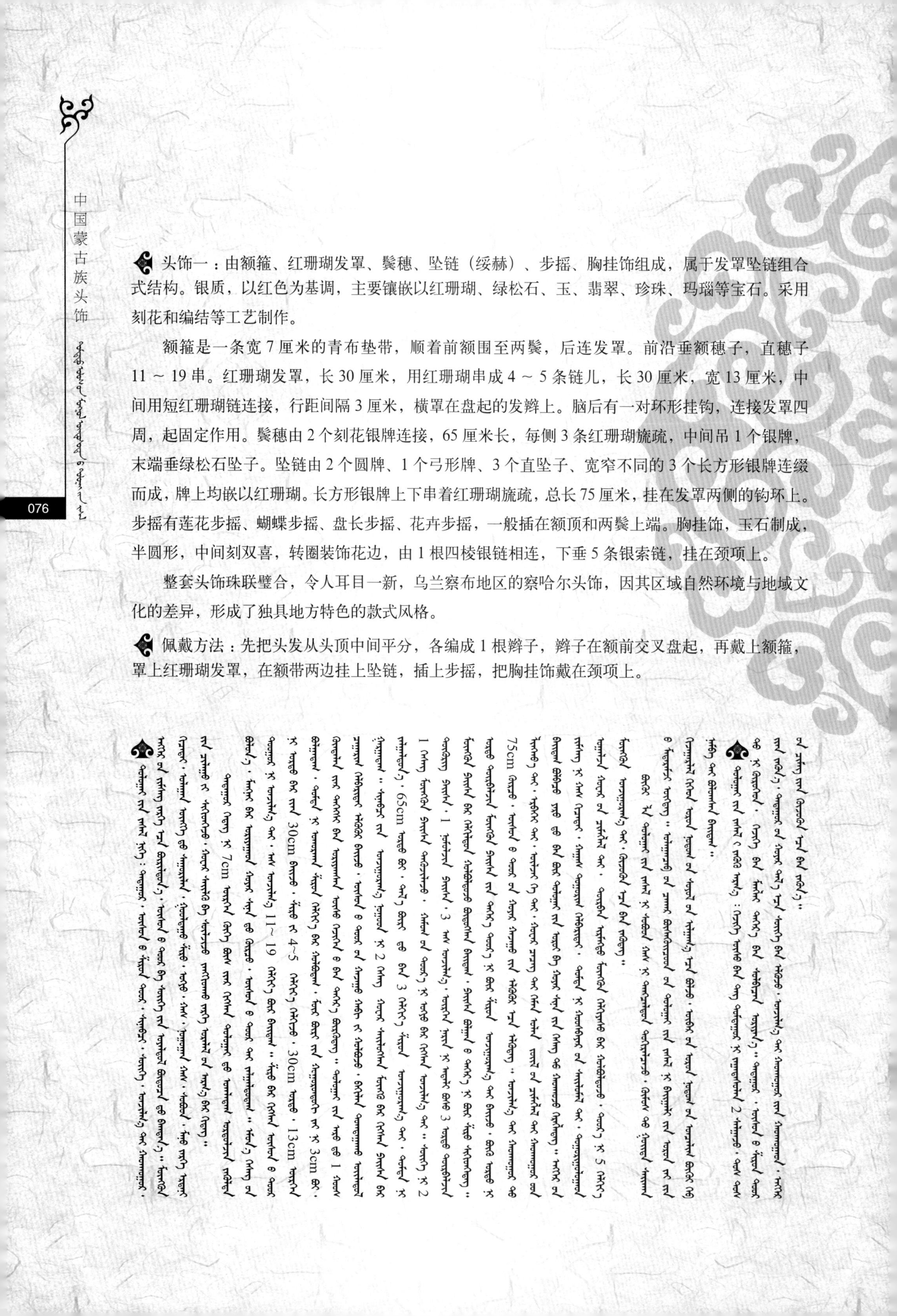

头饰一：由额箍、红珊瑚发罩、鬓穗、坠链（绥赫）、步摇、胸挂饰组成，属于发罩坠链组合式结构。银质，以红色为基调，主要镶嵌以红珊瑚、绿松石、玉、翡翠、珍珠、玛瑙等宝石。采用刻花和编结等工艺制作。

额箍是一条宽 7 厘米的青布垫带，顺着前额围至两鬓，后连发罩。前沿垂额穗子，直穗子 11 ～ 19 串。红珊瑚发罩，长 30 厘米，用红珊瑚串成 4 ～ 5 条链儿，长 30 厘米，宽 13 厘米，中间用短红珊瑚链连接，行距间隔 3 厘米，横罩在盘起的发辫上。脑后有一对环形挂钩，连接发罩四周，起固定作用。鬓穗由 2 个刻花银牌连接，65 厘米长，每侧 3 条红珊瑚旒疏，中间吊 1 个银牌，末端垂绿松石坠子。坠链由 2 个圆牌、1 个弓形牌、3 个直坠子、宽窄不同的 3 个长方形银牌连缀而成，牌上均嵌以红珊瑚。长方形银牌上下串着红珊瑚旒疏，总长 75 厘米，挂在发罩两侧的钩环上。步摇有莲花步摇、蝴蝶步摇、盘长步摇、花卉步摇，一般插在额顶和两鬓上端。胸挂饰，玉石制成，半圆形，中间刻双喜，转圈装饰花边，由 1 根四棱银链相连，下垂 5 条银索链，挂在颈项上。

整套头饰珠联璧合，令人耳目一新，乌兰察布地区的察哈尔头饰，因其区域自然环境与地域文化的差异，形成了独具地方特色的款式风格。

佩戴方法：先把头发从头顶中间平分，各编成 1 根辫子，辫子在额前交叉盘起，再戴上额箍，罩上红珊瑚发罩，在额带两边挂上坠链，插上步摇，把胸挂饰戴在颈项上。

[illegible]

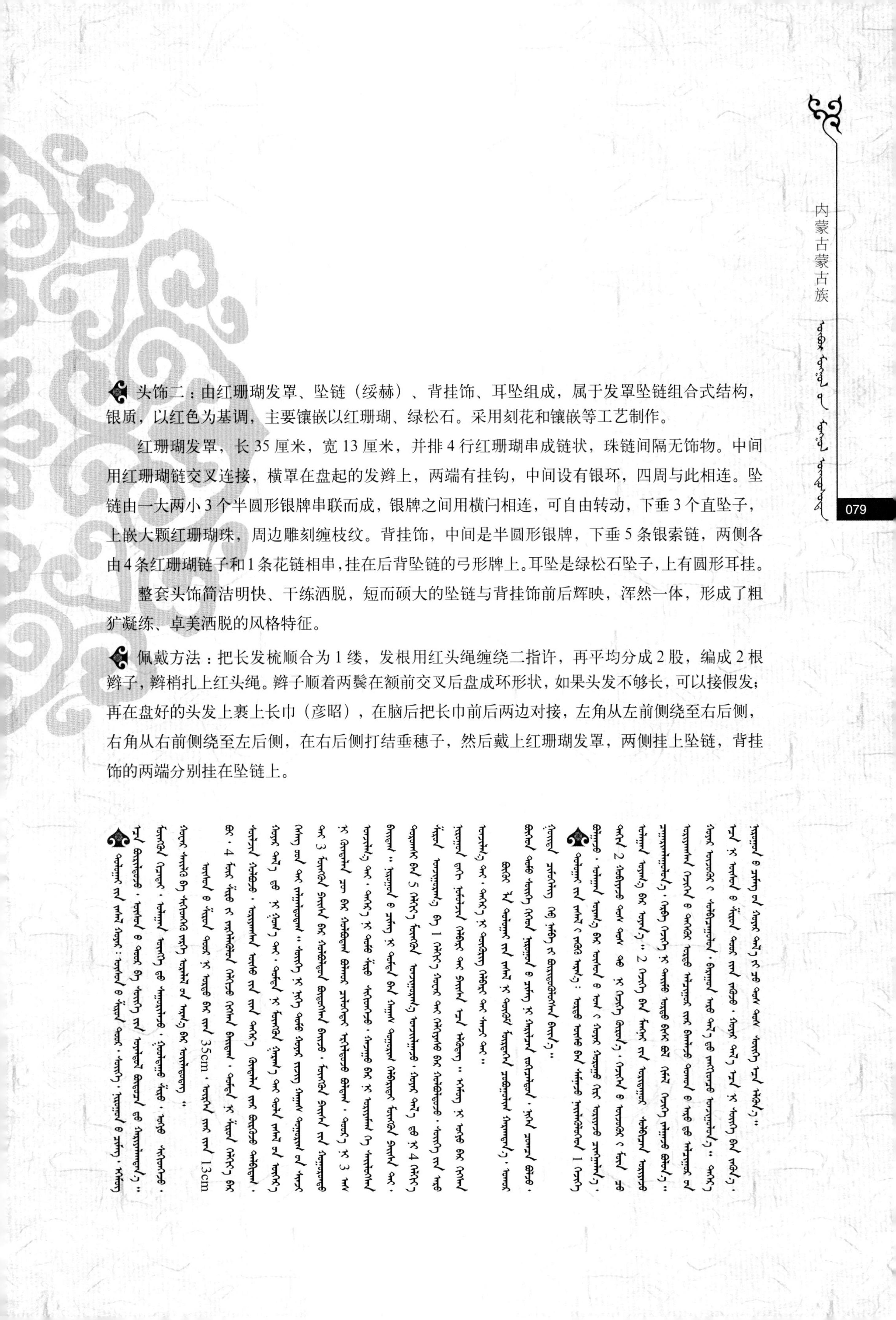

头饰二：由红珊瑚发罩、坠链（绥赫）、背挂饰、耳坠组成，属于发罩坠链组合式结构，银质，以红色为基调，主要镶嵌以红珊瑚、绿松石。采用刻花和镶嵌等工艺制作。

红珊瑚发罩，长 35 厘米，宽 13 厘米，并排 4 行红珊瑚串成链状，珠链间隔无饰物。中间用红珊瑚链交叉连接，横罩在盘起的发辫上，两端有挂钩，中间设有银环，四周与此相连。坠链由一大两小 3 个半圆形银牌串联而成，银牌之间用横闩相连，可自由转动，下垂 3 个直坠子，上嵌大颗红珊瑚珠，周边雕刻缠枝纹。背挂饰，中间是半圆形银牌，下垂 5 条银索链，两侧各由 4 条红珊瑚链子和 1 条花链相串，挂在后背坠链的弓形牌上。耳坠是绿松石坠子，上有圆形耳挂。

整套头饰简洁明快、干练洒脱，短而硕大的坠链与背挂饰前后辉映，浑然一体，形成了粗犷凝练、卓美洒脱的风格特征。

佩戴方法：把长发梳顺合为 1 绺，发根用红头绳缠绕二指许，再平均分成 2 股，编成 2 根辫子，辫梢扎上红头绳。辫子顺着两鬓在额前交叉后盘成环形状，如果头发不够长，可以接假发；再在盘好的头发上裹上长巾（彦昭），在脑后把长巾前后两边对接，左角从左前侧绕至右后侧，右角从右前侧绕至左后侧，在右后侧打结垂穗子，然后戴上红珊瑚发罩，两侧挂上坠链，背挂饰的两端分别挂在坠链上。

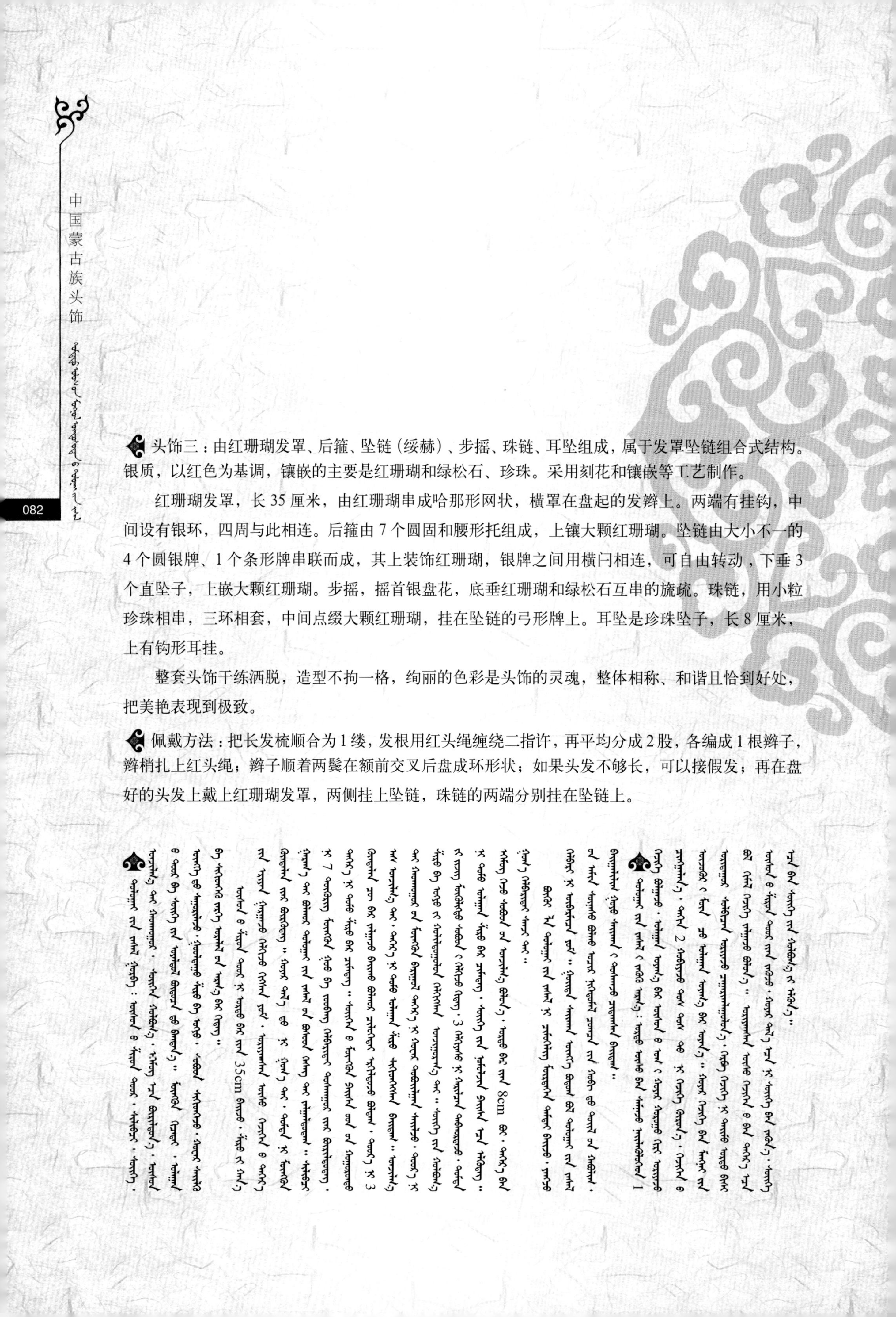

头饰三：由红珊瑚发罩、后箍、坠链（绥赫）、步摇、珠链、耳坠组成，属于发罩坠链组合式结构。银质，以红色为基调，镶嵌的主要是红珊瑚和绿松石、珍珠。采用刻花和镶嵌等工艺制作。

红珊瑚发罩，长35厘米，由红珊瑚串成哈那形网状，横罩在盘起的发辫上。两端有挂钩，中间设有银环，四周与此相连。后箍由7个圆固和腰形托组成，上镶大颗红珊瑚。坠链由大小不一的4个圆银牌、1个条形牌串联而成，其上装饰红珊瑚，银牌之间用横闩相连，可自由转动，下垂3个直坠子，上嵌大颗红珊瑚。步摇，摇首银盘花，底垂红珊瑚和绿松石互串的旒疏。珠链，用小粒珍珠相串，三环相套，中间点缀大颗红珊瑚，挂在坠链的弓形牌上。耳坠是珍珠坠子，长8厘米，上有钩形耳挂。

整套头饰干练洒脱，造型不拘一格，绚丽的色彩是头饰的灵魂，整体相称、和谐且恰到好处，把美艳表现到极致。

佩戴方法：把长发梳顺合为1绺，发根用红头绳缠绕二指许，再平均分成2股，各编成1根辫子，辫梢扎上红头绳；辫子顺着两鬓在额前交叉后盘成环形状；如果头发不够长，可以接假发；再在盘好的头发上戴上红珊瑚发罩，两侧挂上坠链，珠链的两端分别挂在坠链上。

察哈尔巴尔虎人

头饰：由红珊瑚发罩、额箍、额穗子、鬓穗、坠链（绥赫）、发卡、辫套、胸挂饰组成，是发罩辫套组合式结构。银质，以红色为基调，以镶嵌红珊瑚为主，再点缀绿松石和珍珠，采用掐丝、镂空、錾花、镶嵌等工艺制作。

红珊瑚发罩由并排 4 行红珊瑚串成，长 30 厘米，宽 15 厘米，横竖用红珊瑚链交叉串联，一般罩在盘起的头发上。发罩两端各装饰 1 个椭圆形银固，周边錾刻缠枝，直径 6 厘米。额箍是宽 7 厘米、长 25 厘米的青布衬带，排列着 3 枚银花托，中间圆托上镶嵌着半圆形红珊瑚，围在额顶上。额穗子呈哈那状，底垂白玉石坠子，呈人字形散于眉宇间。鬓穗，长 45 厘米，由红珊瑚、绿松石、珍珠隔段串成。坠链，90 厘米长，由 2 个银牌、1 个弓形牌、3 个直坠子连接而成，牌上嵌以红珊瑚，下垂红珊瑚旒疏，挂在发罩两侧的钩环上。发饰下垂，呈扁平状。发卡为方形，中间装点红珊瑚，边缘刻花，掐在发饰的下端，头发从发卡底部穿出，编成辫子，装入辫套内。辫套，用青布和平绒布缝制，长 60 厘米，宽 8 厘米，上端有 15 厘米长的珠绣花边，辫套下端垂穗子。胸挂饰由 1 个半圆形银牌串联，中间刻花，下垂 7 个珍珠索链，由多根珠链相连，挂于颈项上。

整套头饰与察哈尔头饰相似，但发饰和辫套却保留了巴尔虎头饰的特色，加之受地域文化的影响，头饰上又增加了银花箍、翡翠和玉花，可谓多姿多彩，成为多元文化融合的典范。

佩戴方法：梳头时从额顶中间将长发分缝，每侧再均匀地分成 16 股，前后 2 股编成小辫，用自制的黏胶液从发根处涂抹，用 1 根缀着红珊瑚的黑丝绳，在 16 股（加小辫）头发上前后穿梭编缀成 12 厘米宽的扁平状，12 颗珠子在发饰的外缘整齐排列长达 20 厘米，发辫的下端用银卡固定，余发从中穿出编成辫子，装入辫套内；然后戴上红珊瑚发罩、额箍和坠链。

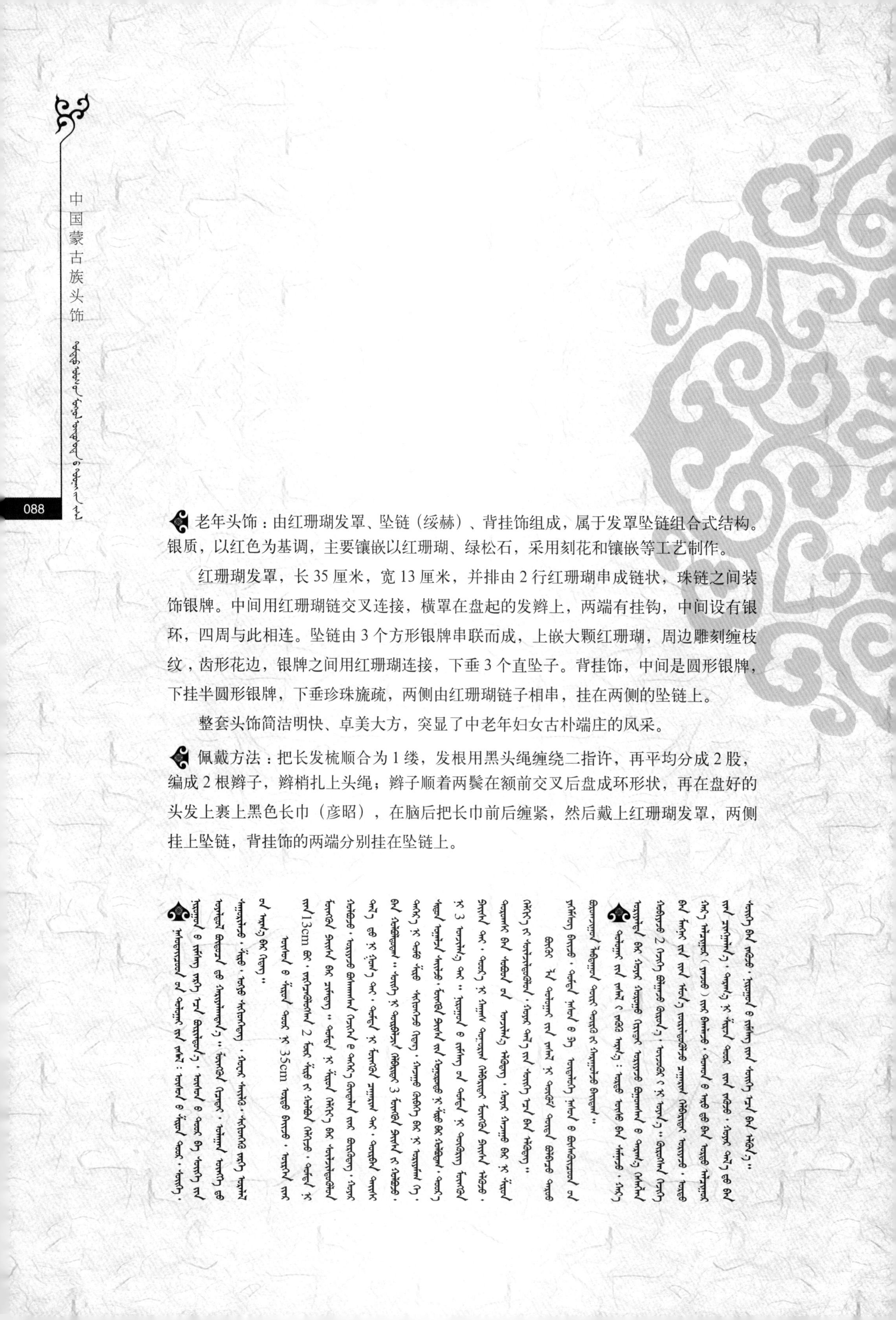

老年头饰：由红珊瑚发罩、坠链（绥赫）、背挂饰组成，属于发罩坠链组合式结构。银质，以红色为基调，主要镶嵌以红珊瑚、绿松石，采用刻花和镶嵌等工艺制作。

红珊瑚发罩，长 35 厘米，宽 13 厘米，并排由 2 行红珊瑚串成链状，珠链之间装饰银牌。中间用红珊瑚链交叉连接，横罩在盘起的发辫上，两端有挂钩，中间设有银环，四周与此相连。坠链由 3 个方形银牌串联而成，上嵌大颗红珊瑚，周边雕刻缠枝纹，齿形花边，银牌之间用红珊瑚连接，下垂 3 个直坠子。背挂饰，中间是圆形银牌，下挂半圆形银牌，下垂珍珠旒疏，两侧由红珊瑚链子相串，挂在两侧的坠链上。

整套头饰简洁明快、卓美大方，突显了中老年妇女古朴端庄的风采。

佩戴方法：把长发梳顺合为 1 绺，发根用黑头绳缠绕二指许，再平均分成 2 股，编成 2 根辫子，辫梢扎上头绳；辫子顺着两鬓在额前交叉后盘成环形状，再在盘好的头发上裹上黑色长巾（彦昭），在脑后把长巾前后缠紧，然后戴上红珊瑚发罩，两侧挂上坠链，背挂饰的两端分别挂在坠链上。

翁牛特

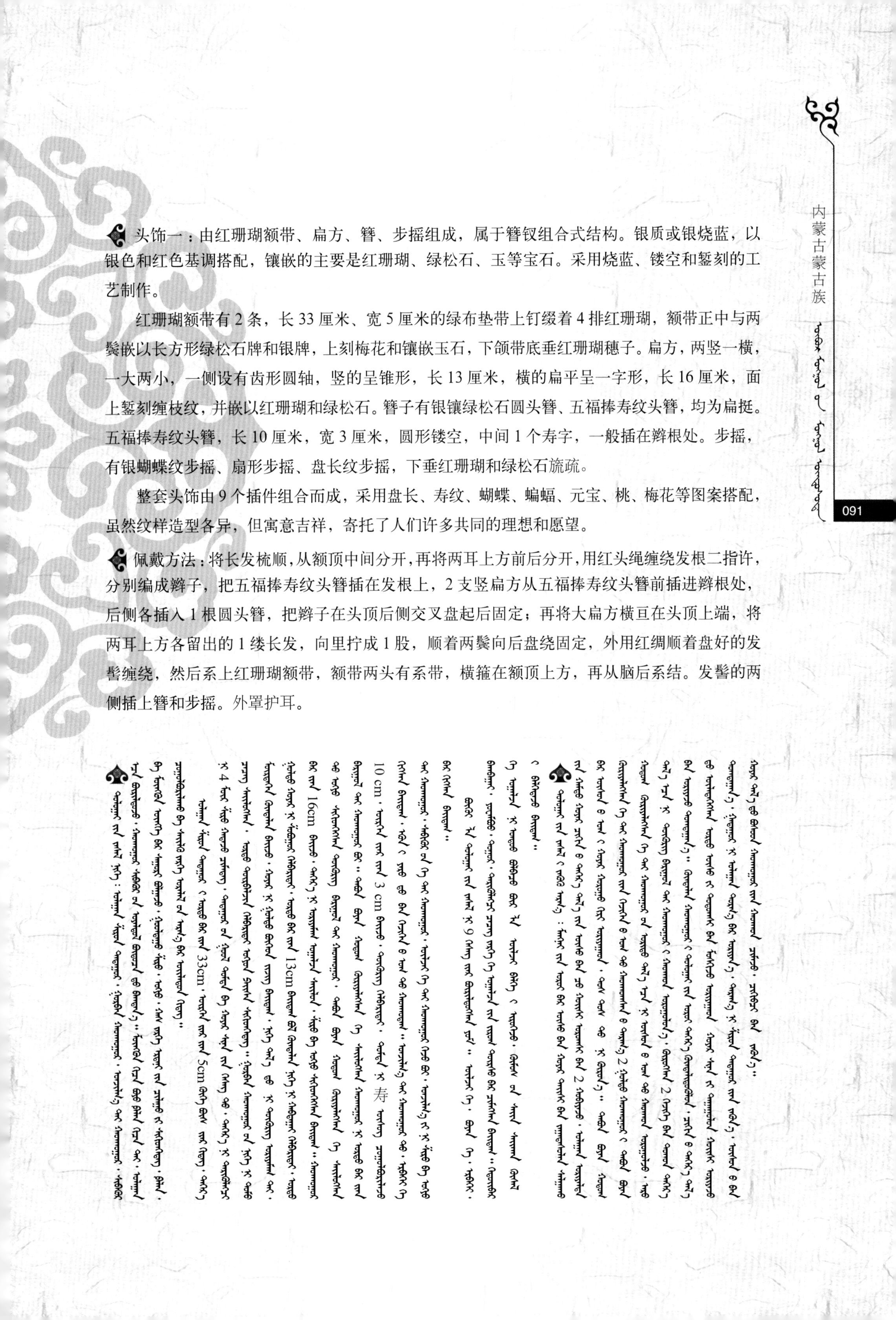

头饰一：由红珊瑚额带、扁方、簪、步摇组成，属于簪钗组合式结构。银质或银烧蓝，以银色和红色基调搭配，镶嵌的主要是红珊瑚、绿松石、玉等宝石。采用烧蓝、镂空和錾刻的工艺制作。

红珊瑚额带有2条，长33厘米、宽5厘米的绿布垫带上钉缀着4排红珊瑚，额带正中与两鬓嵌以长方形绿松石牌和银牌，上刻梅花和镶嵌玉石，下颌带底垂红珊瑚穗子。扁方，两竖一横，一大两小，一侧设有齿形圆轴，竖的呈锥形，长13厘米，横的扁平呈一字形，长16厘米，面上錾刻缠枝纹，并嵌以红珊瑚和绿松石。簪子有银镶绿松石圆头簪、五福捧寿纹头簪，均为扁挺。五福捧寿纹头簪，长10厘米，宽3厘米，圆形镂空，中间1个寿字，一般插在辫根处。步摇，有银蝴蝶纹步摇、扇形步摇、盘长纹步摇，下垂红珊瑚和绿松石旒疏。

整套头饰由9个插件组合而成，采用盘长、寿纹、蝴蝶、蝙蝠、元宝、桃、梅花等图案搭配，虽然纹样造型各异，但寓意吉祥，寄托了人们许多共同的理想和愿望。

佩戴方法：将长发梳顺，从额顶中间分开，再将两耳上方前后分开，用红头绳缠绕发根二指许，分别编成辫子，把五福捧寿纹头簪插在发根上，2支竖扁方从五福捧寿纹头簪前插进辫根处，后侧各插入1根圆头簪，把辫子在头顶后侧交叉盘起后固定；再将大扁方横亘在头顶上端，将两耳上方各留出的1缕长发，向里拧成1股，顺着两鬓向后盘绕固定，外用红绸顺着盘好的发髻缠绕，然后系上红珊瑚额带，额带两头有系带，横箍在额顶上方，再从脑后系结。发髻的两侧插上簪和步摇。外罩护耳。

头饰二：由红珊瑚额带、扁方、簪、步摇、辫筒、耳坠组成，属于簪钗组合式结构。银质或银烧蓝，以银色和红色基调搭配，镶嵌的主要是红珊瑚、绿松石、玉等宝石。采用烧蓝、镂空和錾刻的工艺制作。

红珊瑚额带有 2 条，长 33 厘米、宽 5 厘米的红布垫带上钉缀着 3 排红珊瑚。一条额带正中嵌以方形绿松石牌，上刻梅花，尤以中间为最大，上镶红珊瑚，左右耳上方及末端装饰方形绿松石蝙蝠和蝴蝶。另一条额带正中装饰盘长玉牌，左右两侧是玉桃、玉蝙蝠。扁方，两竖一横，一大两小，一侧设有齿形圆轴，竖的呈锥形，长 13 厘米，横的扁平呈一字形，长 17 厘米，面上錾刻缠枝纹，并嵌以红珊瑚和绿松石。簪子有银镶绿松石圆头簪、点翠头簪，扁挺。银圆头簪，13 厘米长，一般插在辫根处。步摇，有玉蝴蝶纹步摇、玉扇形步摇、玉盘长纹步摇，下垂红珊瑚和绿松石旒疏。辫筒，5.5 厘米长，直径 3 厘米，空心，两侧银包边，中间外裹小粒红珊瑚珠。耳坠钩形耳挂，上装饰有桃形坠子。

整套头饰的花簪由牡丹、凤鸟、龙、花草等图案构成。牡丹天生丽质，有“花王”、“富贵花”之称。牡丹花华贵的雍容在民间常被运用在各种吉祥的饰品中而受到人们的推崇，以此装饰的簪、钗、扁方，造型及边饰极为讲究，加之点翠，更显其华贵，给人一种雍容华美之感。

佩戴方法：将长发梳顺，从额顶中间分开，再将两耳上方前后分开，用红头绳缠绕发根二指许，分别编成辫子，2 支竖扁方从前插进辫根处，后侧各插入 1 根圆头簪，把辫子在头顶后侧交叉盘起后固定；再将大扁方横亘在头顶上端，将两耳上方各留出的 1 缕长发，向里拧成 1 股，顺着两鬓向后盘绕固定，外用绿绸顺着盘好的发髻缠绕，然后系上红珊瑚额带，额带两头有系带，横箍在额顶上方，再从脑后系结；发髻的两侧插上簪和步摇。

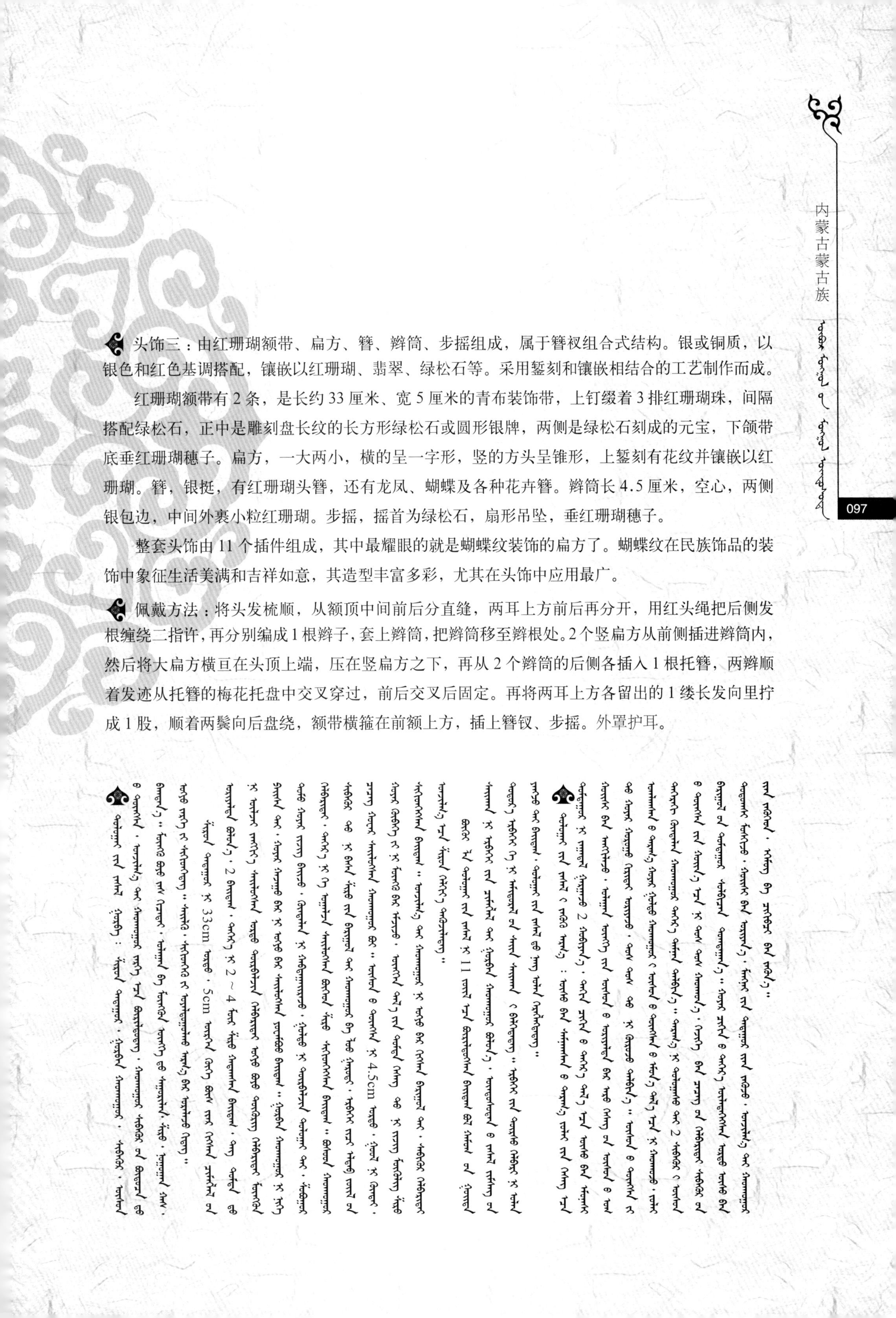

头饰三：由红珊瑚额带、扁方、簪、辫筒、步摇组成，属于簪衩组合式结构。银或铜质，以银色和红色基调搭配，镶嵌以红珊瑚、翡翠、绿松石等。采用錾刻和镶嵌相结合的工艺制作而成。

红珊瑚额带有 2 条，是长约 33 厘米、宽 5 厘米的青布装饰带，上钉缀着 3 排红珊瑚珠，间隔搭配绿松石，正中是雕刻盘长纹的长方形绿松石或圆形银牌，两侧是绿松石刻成的元宝，下颌带底垂红珊瑚穗子。扁方，一大两小，横的呈一字形，竖的方头呈锥形，上錾刻有花纹并镶嵌以红珊瑚。簪，银挺，有红珊瑚头簪，还有龙凤、蝴蝶及各种花卉簪。辫筒长 4.5 厘米，空心，两侧银包边，中间外裹小粒红珊瑚。步摇，摇首为绿松石，扇形吊坠，垂红珊瑚穗子。

整套头饰由 11 个插件组成，其中最耀眼的就是蝴蝶纹装饰的扁方了。蝴蝶纹在民族饰品的装饰中象征生活美满和吉祥如意，其造型丰富多彩，尤其在头饰中应用最广。

佩戴方法：将头发梳顺，从额顶中间前后分直缝，两耳上方前后再分开，用红头绳把后侧发根缠绕二指许，再分别编成 1 根辫子，套上辫筒，把辫筒移至辫根处。2 个竖扁方从前侧插进辫筒内，然后将大扁方横亘在头顶上端，压在竖扁方之下，再从 2 个辫筒的后侧各插入 1 根托簪，两辫顺着发迹从托簪的梅花托盘中交叉穿过，前后交叉后固定。再将两耳上方各留出的 1 缕长发向里拧成 1 股，顺着两鬓向后盘绕，额带横箍在前额上方，插上簪钗、步摇。外罩护耳。

喀喇沁

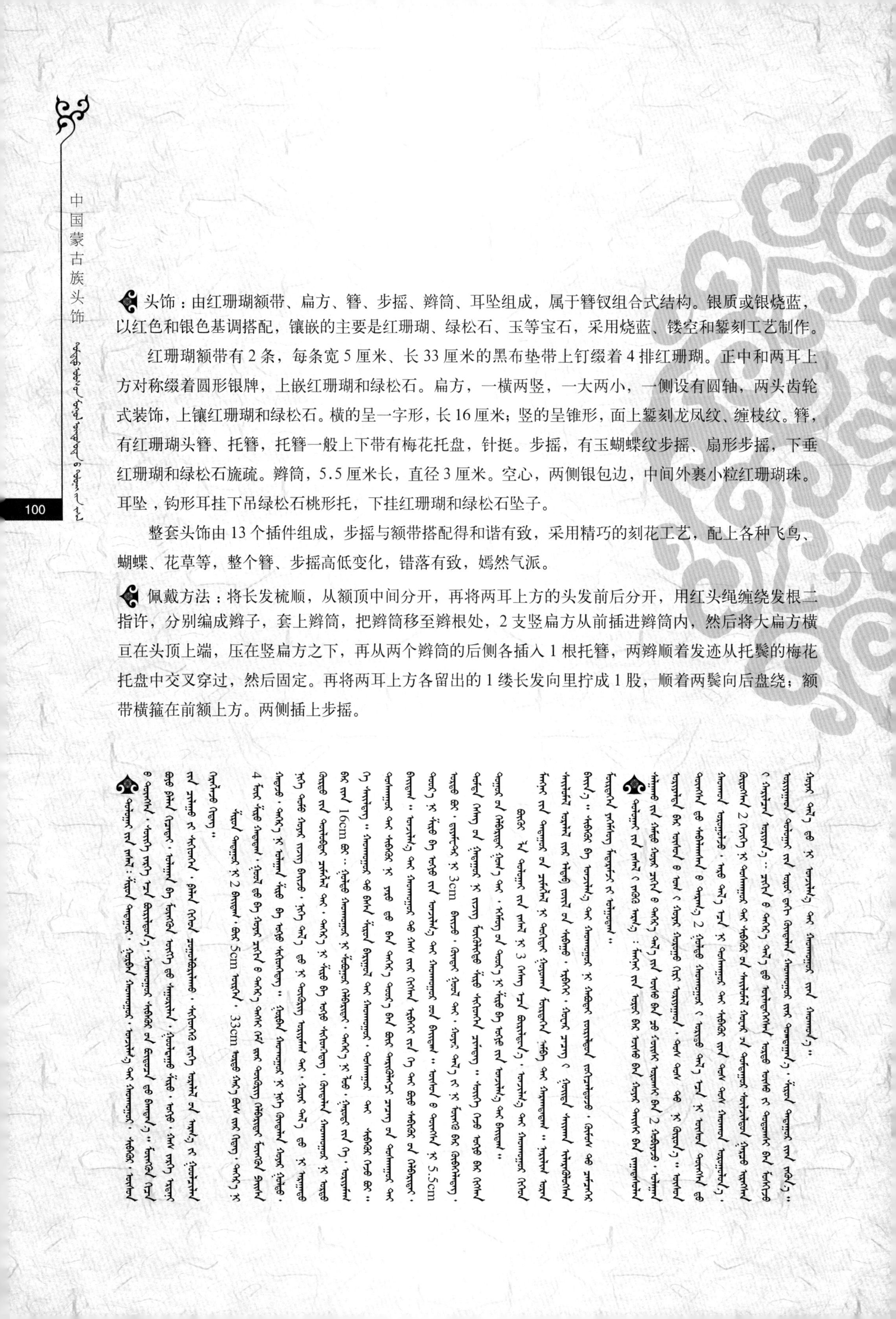

头饰：由红珊瑚额带、扁方、簪、步摇、辫筒、耳坠组成，属于簪钗组合式结构。银质或银烧蓝，以红色和银色基调搭配，镶嵌的主要是红珊瑚、绿松石、玉等宝石，采用烧蓝、镂空和錾刻工艺制作。

红珊瑚额带有 2 条，每条宽 5 厘米、长 33 厘米的黑布垫带上钉缀着 4 排红珊瑚。正中和两耳上方对称缀着圆形银牌，上嵌红珊瑚和绿松石。扁方，一横两竖，一大两小，一侧设有圆轴，两头齿轮式装饰，上镶红珊瑚和绿松石。横的呈一字形，长 16 厘米；竖的呈锥形，面上錾刻龙凤纹、缠枝纹。簪，有红珊瑚头簪、托簪，托簪一般上下带有梅花托盘，针挺。步摇，有玉蝴蝶纹步摇、扇形步摇，下垂红珊瑚和绿松石旒疏。辫筒，5.5 厘米长，直径 3 厘米。空心，两侧银包边，中间外裹小粒红珊瑚珠。耳坠，钩形耳挂下吊绿松石桃形托，下挂红珊瑚和绿松石坠子。

整套头饰由 13 个插件组成，步摇与额带搭配得和谐有致，采用精巧的刻花工艺，配上各种飞鸟、蝴蝶、花草等，整个簪、步摇高低变化，错落有致，嫣然气派。

佩戴方法：将长发梳顺，从额顶中间分开，再将两耳上方的头发前后分开，用红头绳缠绕发根二指许，分别编成辫子，套上辫筒，把辫筒移至辫根处，2 支竖扁方从前插进辫筒内，然后将大扁方横亘在头顶上端，压在竖扁方之下，再从两个辫筒的后侧各插入 1 根托簪，两辫顺着发迹从托鬓的梅花托盘中交叉穿过，然后固定。再将两耳上方各留出的 1 缕长发向里拧成 1 股，顺着两鬓向后盘绕；额带横箍在前额上方。两侧插上步摇。

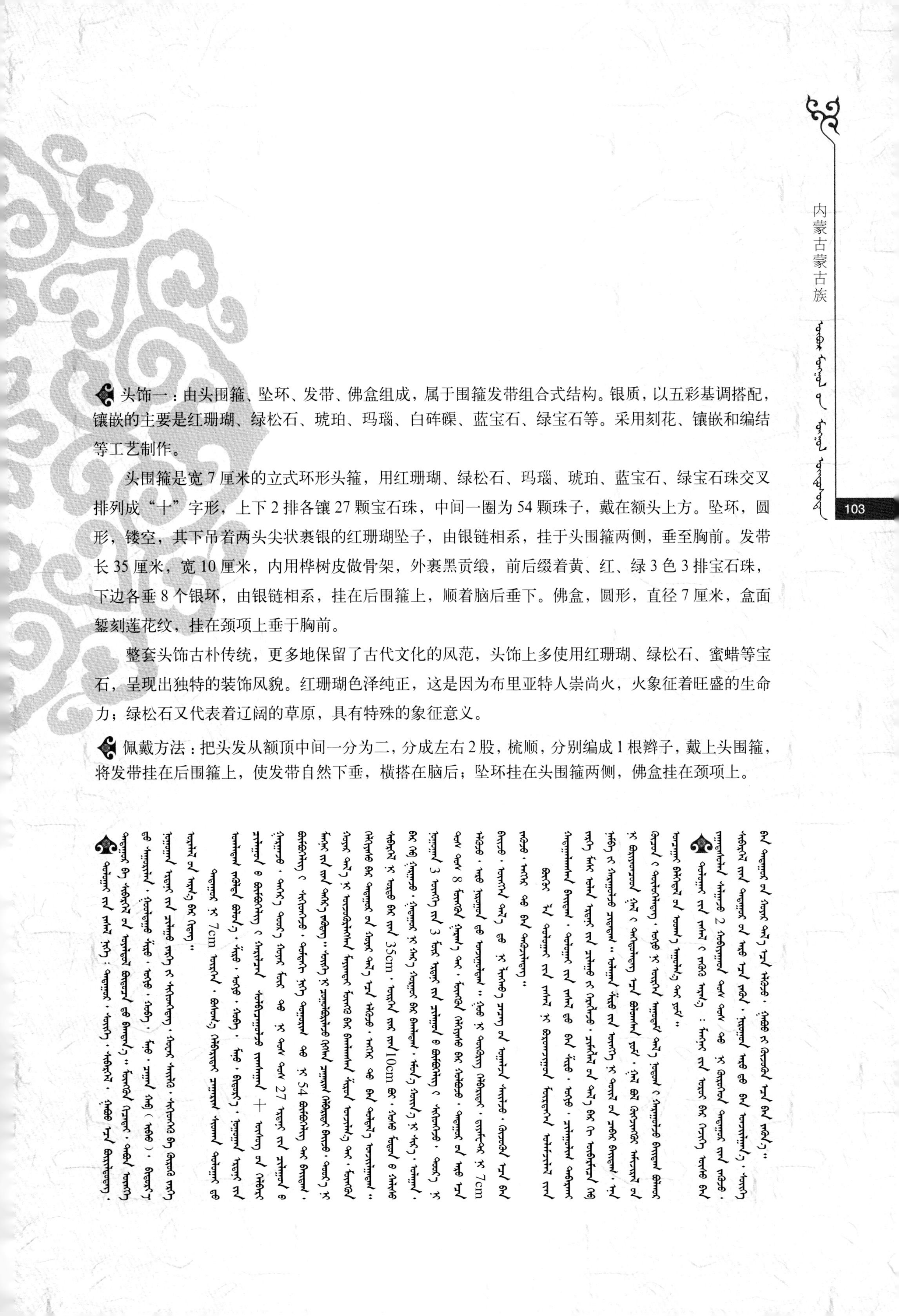

◆头饰一：由头围箍、坠环、发带、佛盒组成，属于围箍发带组合式结构。银质，以五彩基调搭配，镶嵌的主要是红珊瑚、绿松石、琥珀、玛瑙、白砗磲、蓝宝石、绿宝石等。采用刻花、镶嵌和编结等工艺制作。

头围箍是宽 7 厘米的立式环形头箍，用红珊瑚、绿松石、玛瑙、琥珀、蓝宝石、绿宝石珠交叉排列成“十”字形，上下 2 排各镶 27 颗宝石珠，中间一圈为 54 颗珠子，戴在额头上方。坠环，圆形，镂空，其下吊着两头尖状裹银的红珊瑚坠子，由银链相系，挂于头围箍两侧，垂至胸前。发带长 35 厘米，宽 10 厘米，内用桦树皮做骨架，外裹黑贡缎，前后缀着黄、红、绿 3 色 3 排宝石珠，下边各垂 8 个银环，由银链相系，挂在后围箍上，顺着脑后垂下。佛盒，圆形，直径 7 厘米，盒面錾刻莲花纹，挂在颈项上垂于胸前。

整套头饰古朴传统，更多地保留了古代文化的风范，头饰上多使用红珊瑚、绿松石、蜜蜡等宝石，呈现出独特的装饰风貌。红珊瑚色泽纯正，这是因为布里亚特人崇尚火，火象征着旺盛的生命力；绿松石又代表着辽阔的草原，具有特殊的象征意义。

◆佩戴方法：把头发从额顶中间一分为二，分成左右 2 股，梳顺，分别编成 1 根辫子，戴上头围箍，将发带挂在后围箍上，使发带自然下垂，横搭在脑后；坠环挂在头围箍两侧，佛盒挂在颈项上。

头饰二：由头围箍、坠环、三角银饰、辫套、佛盒组成，属于围箍辫套组合式结构。银质，以五彩基调搭配，镶嵌的主要是红珊瑚、绿松石、琥珀、玛瑙、白砗磲、蓝宝石、绿宝石等。采用刻花、镶嵌和编结等工艺制作而成。

头围箍是宽 7 厘米的立式环形头箍，用红珊瑚、绿松石、玛瑙、琥珀、蓝宝石、绿宝石珠交叉排列成“十”字形，上下 3 排，戴在额头上方。坠环，圆形镂空，由银链相系，挂在头围箍的两侧，垂至胸前。三角银饰，镂空，系在 1 个 20 厘米长的圆木棍上，一般插在头发的根部起装饰作用。辫套由黑贡缎或黑绒布缝制，长 60 厘米，宽 8 厘米，下端垂有两头尖状外缘盘花的红珊瑚坠子。佛盒，圆形，直径 7 厘米，上下扣合，盒面刻有莲花纹，挂在颈项上。

整套头饰妩媚端庄，俊雅中不失其秀美，蕴含了独特的文化内涵，是蒙古族头饰的绝美之作，装饰中采用了具有吉祥寓意的盘长、方胜、万字纹作图案，曲折的盘长纹与象征太阳或火的万字纹组合，具有四季轮回、平安顺畅和氏族兴旺发达之意。

佩戴方法：将长发从额顶中间一分为二，分成 2 股，把三角银饰插入发根，用附带的彩绳把头发（头发不够长，可以接假发）从上至下缠绕在一起，装入辫套内，上口系紧固定，戴上头围箍，挂上佛盒。戴上尤登帽。

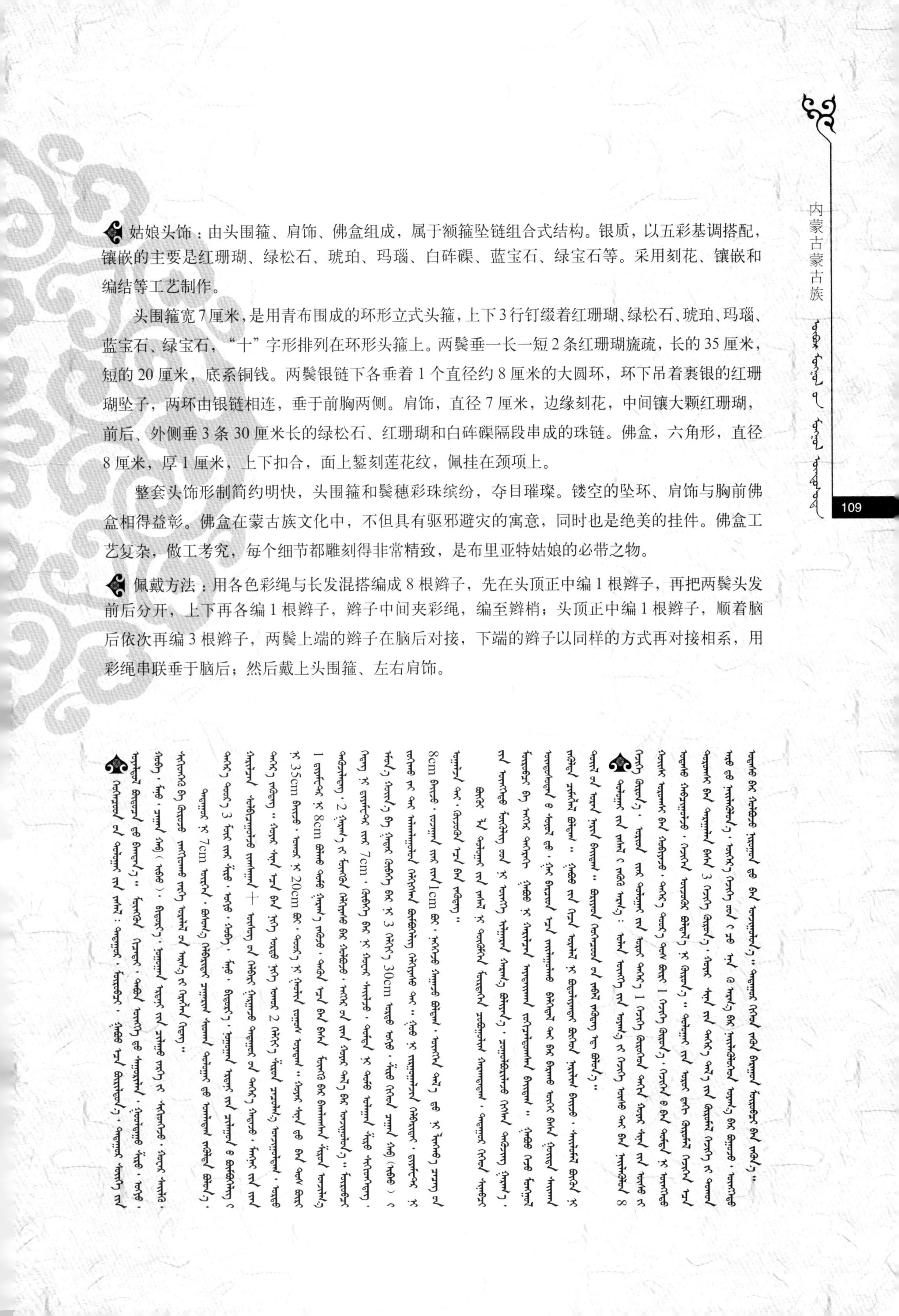

姑娘头饰：由头围箍、肩饰、佛盒组成，属于额箍坠链组合式结构。银质，以五彩基调搭配，镶嵌的主要是红珊瑚、绿松石、琥珀、玛瑙、白砗磲、蓝宝石、绿宝石等。采用刻花、镶嵌和编结等工艺制作。

头围箍宽7厘米，是用青布围成的环形立式头箍，上下3行钉缀着红珊瑚、绿松石、琥珀、玛瑙、蓝宝石、绿宝石，“十”字形排列在环形头箍上。两鬓垂一长一短2条红珊瑚旒疏，长的35厘米，短的20厘米，底系铜钱。两鬓银链下各垂着1个直径约8厘米的大圆环，环下吊着裹银的红珊瑚坠子，两环由银链相连，垂于前胸两侧。肩饰，直径7厘米，边缘刻花，中间镶大颗红珊瑚，前后、外侧垂3条30厘米长的绿松石、红珊瑚和白砗磲隔段串成的珠链。佛盒，六角形，直径8厘米，厚1厘米，上下扣合，面上錾刻莲花纹，佩挂在颈项上。

整套头饰形制简约明快，头围箍和鬓穗彩珠缤纷，夺目璀璨。镂空的坠环、肩饰与胸前佛盒相得益彰。佛盒在蒙古族文化中，不但具有驱邪避灾的寓意，同时也是绝美的挂件。佛盒工艺复杂，做工考究，每个细节都雕刻得非常精致，是布里亚特姑娘的必带之物。

佩戴方法：用各色彩绳与长发混搭编成8根辫子，先在头顶正中编1根辫子，再把两鬓头发前后分开，上下再各编1根辫子，辫子中间夹彩绳，编至辫梢；头顶正中编1根辫子，顺着脑后依次再编3根辫子，两鬓上端的辫子在脑后对接，下端的辫子以同样的方式再对接相系，用彩绳串联垂于脑后；然后戴上头围箍、左右肩饰。

四子

头饰一：由额顶饰、头围箍、额穗子、鬓穗、坠链（绥赫）、发箍盒、后箍、胸挂饰、背挂饰组成，属于顶饰坠链组合式结构。银质或银鎏金，以红色为基调，镶嵌的主要是红珊瑚，再配以绿松石和珍珠。采用鎏金、錾花和镶嵌等工艺制作。

额顶饰由3块鎏金牌拼接而成，可折叠，其上布满红珊瑚，佩戴在囟门正中。头围箍，是镶着25个八宝镂空圆形和腰形托的青布环形头套，前沿1排，后沿2排，腰形托上嵌以红珊瑚，数当额为最大。额穗子由珍珠串成哈那形网帘，呈人字形，下垂红珊瑚坠子，散于眉宇间，左右阶梯式加长至两鬓。鬓穗，每侧6条，长45厘米，由珍珠和红珊瑚珠分段串成，中间紫玛瑙桃形坠下又分出12根银索链，吊着鱼符和叶形坠子，由1块条形牌相连悬挂于两鬓。坠链挂在鬓穗后侧，由小至大并排串着4个方形掐丝花牌，末端弓形牌下连着3个直链头。长方形发箍盒，9厘米长，7厘米宽，盒面4个边缘横竖均嵌满红珊瑚。底插锁团，锁团里用软木，外用棉和青布包裹而缝制，用以锁住辫子，底沿挂穗子。后箍是宽12厘米、长17厘米的鎏金牌，上窄下宽呈梯形，牌面刻满卷草纹，并嵌以条形和圆形红珊瑚和绿松石，直接与头围箍相连。胸挂饰，中间是直径10厘米的圆盘，里外3层点缀绿松石与红珊瑚，两侧各由5条珠链并排串在1个半圆形吊牌上，底端方牌下垂着8条红珊瑚、绿松石和珍珠互串的穗子，中间分3股与圆固相连。挂在领口下的扣襻上，两侧与坠链对接。背挂饰略小于胸挂饰，有吊牌而不垂穗子，两端挂在后背的坠链上。

整套头饰造型豪华，色彩流畅，金光璀璨。胸挂饰和背挂饰盘大链长，珠链摇曳，用料和工艺堪称绝美。挂饰以八宝纹样为主，卷草纹相衬，显得珠光宝气。八宝图符，也称八吉祥，是佛教的八种法物，这类具有象征意义的宗教纹样，被融入生活中，成为一种吉祥符号。经民间艺人之手，图案构成变化丰富，将蒙古族的风俗、审美和内心情感一并融入其中，成为蒙古族世代相传的纹饰了。

佩戴方法：将头发从中间分缝，梳顺拉直，各编成1根辫子，辫梢扎上红头绳，再装入发箍盒内，并将发箍盒移至辫根处，从底部插入锁团，用红头绳把辫子缠在锁团的柄上，系紧固定；然后挂上辫穗子，戴上额顶饰和后箍，再戴上头围箍、胸挂饰和背挂饰。

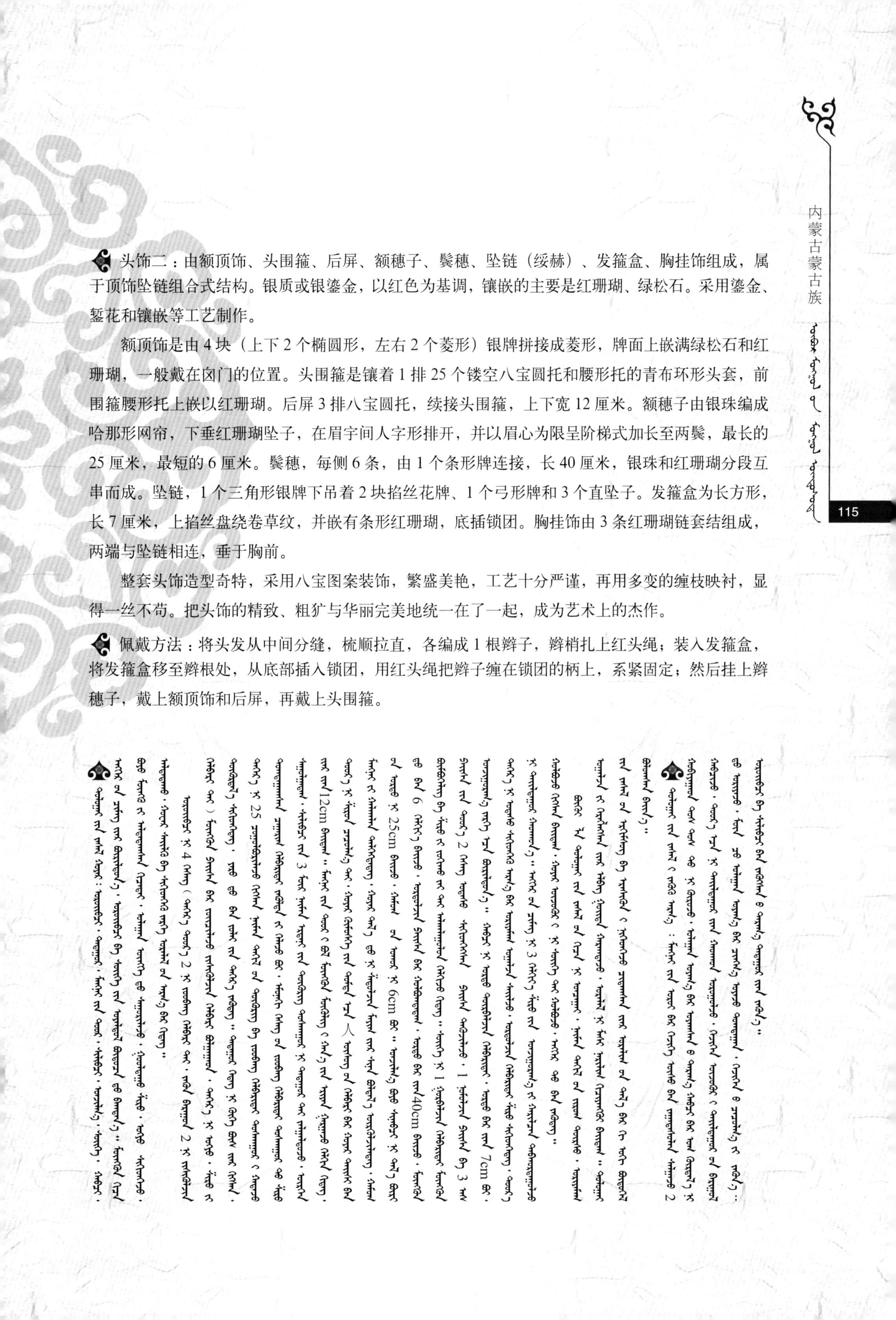

头饰二：由额顶饰、头围箍、后屏、额穗子、鬓穗、坠链（绥赫）、发箍盒、胸挂饰组成，属于顶饰坠链组合式结构。银质或银鎏金，以红色为基调，镶嵌的主要是红珊瑚、绿松石。采用鎏金、錾花和镶嵌等工艺制作。

额顶饰是由 4 块（上下 2 个椭圆形，左右 2 个菱形）银牌拼接成菱形，牌面上嵌满绿松石和红珊瑚，一般戴在囟门的位置。头围箍是镶着 1 排 25 个镂空八宝圆托和腰形托的青布环形头套，前围箍腰形托上嵌以红珊瑚。后屏 3 排八宝圆托，续接头围箍，上下宽 12 厘米。额穗子由银珠编成哈那形网帘，下垂红珊瑚坠子，在眉宇间人字形排开，并以眉心为限呈阶梯式加长至两鬓，最长的 25 厘米，最短的 6 厘米。鬓穗，每侧 6 条，由 1 个条形牌连接，长 40 厘米，银珠和红珊瑚分段互串而成。坠链，1 个三角形银牌下吊着 2 块掐丝花牌、1 个弓形牌和 3 个直坠子。发箍盒为长方形，长 7 厘米，上掐丝盘绕卷草纹，并嵌有条形红珊瑚，底插锁团。胸挂饰由 3 条红珊瑚链套结组成，两端与坠链相连，垂于胸前。

整套头饰造型奇特，采用八宝图案装饰，繁盛美艳，工艺十分严谨，再用多变的缠枝映衬，显得一丝不苟。把头饰的精致、粗犷与华丽完美地统一在了一起，成为艺术上的杰作。

佩戴方法：将头发从中间分缝，梳顺拉直，各编成 1 根辫子，辫梢扎上红头绳；装入发箍盒，将发箍盒移至辫根处，从底部插入锁团，用红头绳把辫子缠在锁团的柄上，系紧固定；然后挂上辫穗子，戴上额顶饰和后屏，再戴上头围箍。

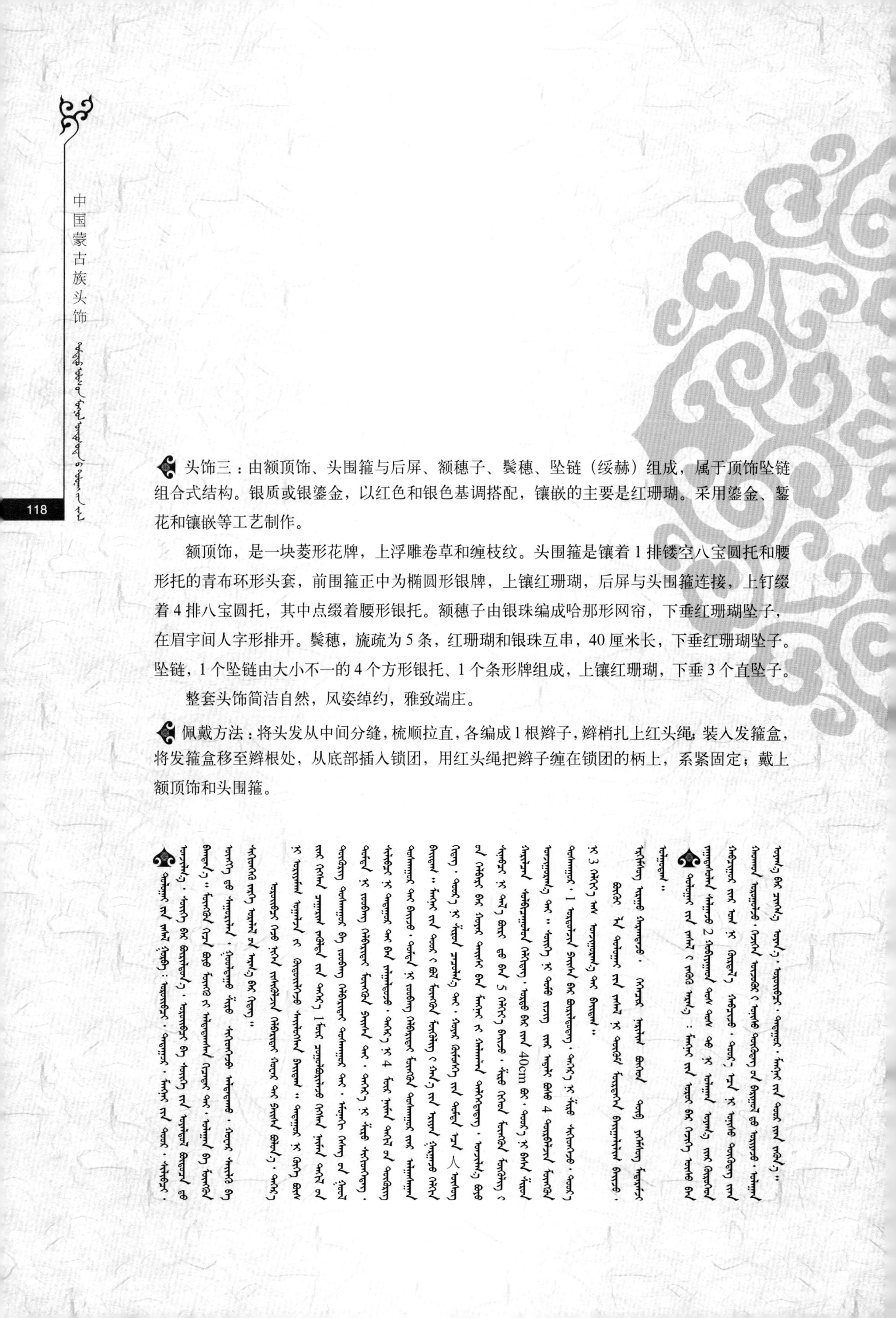

头饰三：由额顶饰、头围箍与后屏、额穗子、鬓穗、坠链（绥赫）组成，属于顶饰坠链组合式结构。银质或银鎏金，以红色和银色基调搭配，镶嵌的主要是红珊瑚。采用鎏金、錾花和镶嵌等工艺制作。

额顶饰，是一块菱形花牌，上浮雕卷草和缠枝纹。头围箍是镶着1排镂空八宝圆托和腰形托的青布环形头套，前围箍正中为椭圆形银牌，上镶红珊瑚，后屏与头围箍连接，上钉缀着4排八宝圆托，其中点缀着腰形银托。额穗子由银珠编成哈那形网帘，下垂红珊瑚坠子，在眉宇间人字形排开。鬓穗，旒疏为5条，红珊瑚和银珠互串，40厘米长，下垂红珊瑚坠子。坠链，1个坠链由大小不一的4个方形银托、1个条形牌组成，上镶红珊瑚，下垂3个直坠子。

整套头饰简洁自然，风姿绰约，雅致端庄。

佩戴方法：将头发从中间分缝，梳顺拉直，各编成1根辫子，辫梢扎上红头绳，装入发箍盒，将发箍盒移至辫根处，从底部插入锁团，用红头绳把辫子缠在锁团的柄上，系紧固定；戴上额顶饰和头围箍。

茂明安

头饰：由额顶饰、头围箍、额穗与鬓穗、坠链（绥赫）、发箍盒、后箍组成，属于顶饰坠链组合式结构。银质，以红色为基调，镶嵌的主要是红珊瑚、绿松石。采用錾刻与镶嵌相结合的工艺制作。

额顶饰，由4个不规则刻花银牌合围而成，牌面嵌有3颗红珊瑚，中间的最大，佩戴在囟门正中。头围箍，是镶着29个圆形鼓面银托的青布环形软头套，托上镶有红珊瑚，周边刻有佛手纹。哈那形额穗子由银珠编串，下垂红珊瑚坠子，在眉宇间一字形排开。4条银穗子接额穗子阶梯式延至两鬓，长的15厘米，短的7厘米，以代替鬓穗。坠链，50厘米长，由两条银链相连直接挂在头围箍上，由1个弓形牌、3个直坠子和1个花牌组成，下垂4根银索链。发箍盒为长方形，长8厘米，宽4.5厘米，面上錾刻花纹并嵌有绿松石和红珊瑚。底插锁团，锁团里用软木外絮棉，用青布包裹而缝制，插入发箍盒内以封固其发辫。后箍长23厘米，宽10厘米，一字形排开，两端各缀1个圆托，中间有4个方托，6个硕大的半圆形红珊瑚嵌在其中。

整套头饰玲珑剔透，清新亮丽。长发挽在发箍盒里，插以辫穗子，额穗子一直延至两鬓，长短相间形成错差，装饰的图案以佛手纹为主，边饰再配以蛇纹，显得风雅而流畅。蛇纹似抽象的符号而广泛流传于民间，古代北方各游牧民族对其十分崇拜。对蛇的崇拜是原始氏族图腾崇拜的产物，是以蛇作为图腾保护神和子孙繁衍之神的遗俗，象征着生命的繁衍和永续。人们将其神化，或相互缠绕，或交叉，或直线，或曲线，或变体，图案变化多端，装饰性极强。

佩戴方法：从额顶中间分直缝，把长发左右分开，梳顺后，各编1根辫子，装入发箍盒，再移至辫根处，从底部插入锁团，把辫子的下端缠绕在锁团的柄上，用红头绳系紧，然后插上辫穗子，戴上额顶饰和后箍，再戴上头围箍，挂上坠链。

克什克腾

头饰：由头围箍、额穗子、鬓穗、坠链（绥赫）、发箍盒与蝴蝶簪、后箍、胸挂饰组成，属于围箍珠链组合式结构。银质，以红色为基调，镶嵌的主要是红珊瑚、绿松石、玛瑙、白砗磲等宝石。采用錾刻、镂空和掐丝等工艺制作。

头围箍是青布做成的环形软头套，宽 12 厘米，以两耳为界，前箍分 3 排钉缀着银饰牌，其中上中两排是 16 个造型各异的银八宝，下排是 11 个圆形与腰形相间的银固，上镶嵌有小粒红珊瑚，当额为火纹图案。额穗子，一字形，由银珠和绿松石、红珊瑚珠串成哈那形网帘，呈一字型散于眉宇间，下垂红珊瑚坠子。每侧 9 条的鬓穗长 50 厘米，由红珊瑚、绿松石、白砗磲等宝石分层隔段串成，由半圆形银牌吊挂在两鬓处。坠链长 70 厘米，上端由小至大串联着 1 个方牌、2 个梅花牌、1 个蝴蝶牌、3 个直坠子、1 个有齿形花边的镂空盘花牌和 5 条红珊瑚链。发箍盒，长 7 厘米，宽 6 厘米，盒面錾刻莲花纹，底插锁团。锁团里用软木外絮棉，用青布包裹而缝制，从下侧插入盒内以封固发辫。蝴蝶发簪插在发箍盒的顶端。后箍与头围箍连体，缀有 4 个方牌，上面 3 个，下面 1 个，7 厘米见方，中间的花瓣用红珊瑚和绿松石装饰。胸挂饰为长方形银牌，正面用红珊瑚和绿松石围成花瓣，下垂着 30 厘米长的 11 条红珊瑚、白砗磲、玛瑙、绿松石串成的珠链，由蝴蝶吊牌连接，挂在领口下的扣襻上。

整套头饰的围箍由 3 排银饰镶嵌而成，鬓穗与胸挂饰风格一体，装扮起来可谓珠链垂胸，加之采用了八宝、火纹、梅花、蝴蝶纹点缀，可谓厚重娴雅，具有旷世之美。北方游牧民族常把佛教的八宝图案装饰在头饰上，使其成为一种吉祥符号，这不仅是一种历史，也是传统吉祥观念的艺术体现。人们戴上它表达对幸福、平安、吉祥生活的憧憬和追求。

佩戴方法：从头顶正中把头发平均分开，左右各编 1 根辫子，辫梢扎上红头绳；分别装入发箍盒内，并将其移至辫根处，从底部插入锁团，然后把辫子的下端用红头绳缠绕在锁团的柄上，盒顶上插入蝴蝶簪，戴上头围箍，把胸挂饰中间的蝴蝶吊牌直接挂在领口下的扣襻上，珠链两端挂在坠链上。

浩齐特

头饰：由头围箍、网罩与额穗子、鬓穗、坠链（绥赫）、发箍盒、辫套、项链、佛盒组成，属于围箍辫套组合式结构。银质，以红色为基调，镶嵌的主要是红珊瑚，再配以绿松石、白砗磲、蜜蜡、玛瑙、碧玺等宝石。采用錾刻、掐丝与镶嵌相结合的工艺制作。

头围箍，9 厘米宽，是用青布做成的环形软头套，上下沿钉缀着 2 圈红珊瑚，中间镶嵌 6 个直径 3 厘米宽、5 厘米长的椭圆形银牌，银牌中间点缀 3 颗大红珊瑚珠，周边錾刻卷草纹。网罩 6 厘米宽，用银珠编成哈那形，上与头围箍连缀。额穗子呈一字形，与网罩前沿相连，上部用银珠和绿松石、白砗磲编成网状，下垂绿松石和红珊瑚坠子。鬓穗长 55 厘米，每侧 8 条，由红珊瑚、绿松石和白砗磲等宝石隔段互串而成，系在半圆形花牌上，挂在两鬓处。坠链上端由 1 个三角牌、1 个圆角方牌、1 个弓形牌、3 个直坠子和 1 个方牌组成，下垂 5 条 15 厘米长的穗子，总长 45 厘米。发箍盒 6 厘米长，4.5 厘米宽，面上盘花。辫套宽 8 厘米，长 120 厘米，黑贡缎或平绒布缝制，上口包裹 6 厘米长 3 节半圆筒状银箍，且上粗下细，辫套中间依次钉缀着圆牌和桃形银牌，牌上镂空盘花。项链由长短不等的 3 ～ 7 条珠链互串而成，环环相套，一直垂至腰际。圆形的佛盒直径 6 厘米，面上刻有莲花，挂在珠链上。

整套头饰粗犷豪放，充盈着一种与大自然博大胸怀浑然一体的通灵神韵。银珠编串的网罩熠熠生辉，与胸前的红色、绿色、白色、黄色、紫色珠链形成色彩上的反差，整体上和谐有致，再配以佛盒，其造型自然天成，与其他头饰相比截然不同，展示了浩齐特人独有的美丽与智慧。

佩戴方法：把头发从额顶中间分开，左右各编成 1 根辫子，把辫子分别装入发箍盒；底部插入锁团，辫子缠在锁团的柄上，然后插入辫套内，系好辫套的上口，再戴上头围箍，挂上坠链。

乌拉特

头饰：由额顶饰、头围箍、额穗子、鬓穗、坠链（绥赫）、辫罩、后箍组成，属于顶饰坠链组合式结构。银质，以红色为基调，镶嵌的主要是红珊瑚，再配以绿松石、青金石、玛瑙等宝石。采用錾刻和镶嵌相结合的工艺制作。

额顶饰长 15 厘米，花瓣形，齿边，其上錾刻卷草纹，正中用红珊瑚和绿松石拼成花瓣形，周边点缀两色珠子，与后箍相连戴在囟门正中处。头围箍是青布围成的环形头套，5 厘米宽，前箍上镶嵌着圆托和腰形托，上镶红珊瑚和绿松石。一字形额穗子由银珠编成哈那状，底垂红珊瑚坠子。鬓穗长 45 厘米，每侧 5 条，旒疏由红珊瑚、绿松石、银珠分段串成，每个绿松石桃形坠下又分出 1 对银索链，由蝴蝶银牌相串挂在两侧围箍上。坠链，1 个花坠子下分出 5 条支链，尤以中间为最长，吊有 1 个弓形牌、3 个直坠子、1 个方牌和 5 条红珊瑚链，与两侧的鬓穗形成长短错差。辫罩，长 10 厘米，中间用银珠隔段编成哈那形网状，1 个发髻上罩 1 个。后箍与额顶饰连缀在 1 条环形衬带上，其下缀着 3 排 45 颗红珊瑚珠，嵌在两头尖状的鎏金托上。两角延伸出 1 条黑布垫带，上排列着 13 颗红珊瑚，一侧钉扣，另一侧钉有纽襻，从前在下颌处对接系之。

整套头饰风采飘逸，最出彩的佩饰要数辫罩和坠链了。坠链长鬓穗短，形成上下错层，把卷云纹、缠枝纹錾刻在饰件上，既精巧又美观，戴在头上蛮有情趣。明快俊俏的装饰风格，展示了乌拉特女性最有魅力的一面。

佩戴方法：从额顶中间将头发中分，梳顺拉直，左右各编 1 根辫子；把菱角状的锁团夹在头发的根部，用头发裹住锁团，然后向里挽起，缠成发髻，用红头绳系紧，把辫罩罩在发髻上，然后戴上额顶饰和后箍，将头围箍戴在头上，两鬓挂上坠链。

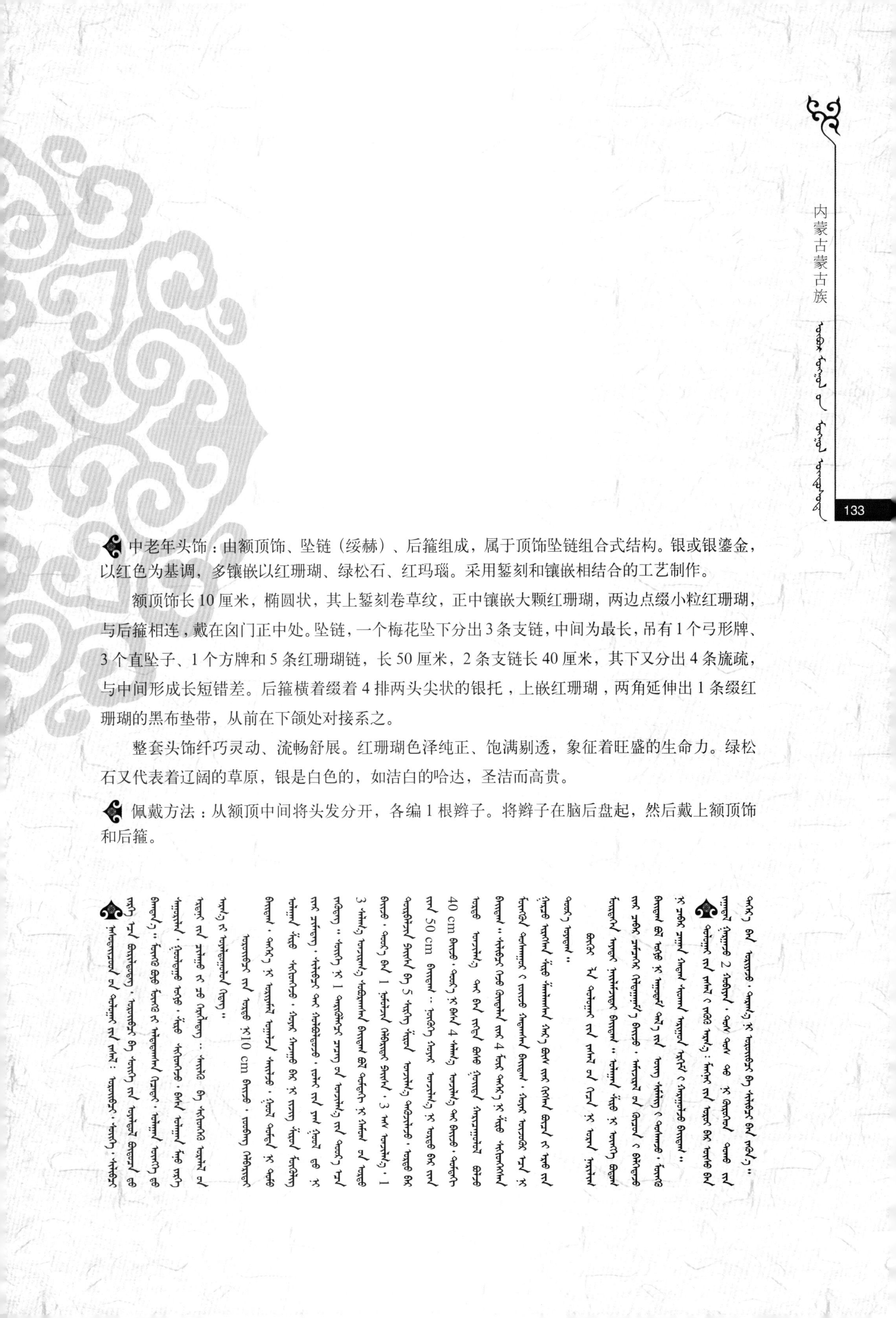

中老年头饰：由额顶饰、坠链（绥赫）、后箍组成，属于顶饰坠链组合式结构。银或银鎏金，以红色为基调，多镶嵌以红珊瑚、绿松石、红玛瑙。采用錾刻和镶嵌相结合的工艺制作。

额顶饰长10厘米，椭圆状，其上錾刻卷草纹，正中镶嵌大颗红珊瑚，两边点缀小粒红珊瑚，与后箍相连，戴在囟门正中处。坠链，一个梅花坠下分出3条支链，中间为最长，吊有1个弓形牌、3个直坠子、1个方牌和5条红珊瑚链，长50厘米，2条支链长40厘米，其下又分出4条旒疏，与中间形成长短错差。后箍横着缀着4排两头尖状的银托，上嵌红珊瑚，两角延伸出1条缀红珊瑚的黑布垫带，从前在下颌处对接系之。

整套头饰纤巧灵动、流畅舒展。红珊瑚色泽纯正、饱满剔透，象征着旺盛的生命力。绿松石又代表着辽阔的草原，银是白色的，如洁白的哈达，圣洁而高贵。

佩戴方法：从额顶中间将头发分开，各编1根辫子。将辫子在脑后盘起，然后戴上额顶饰和后箍。

乌珠穆沁

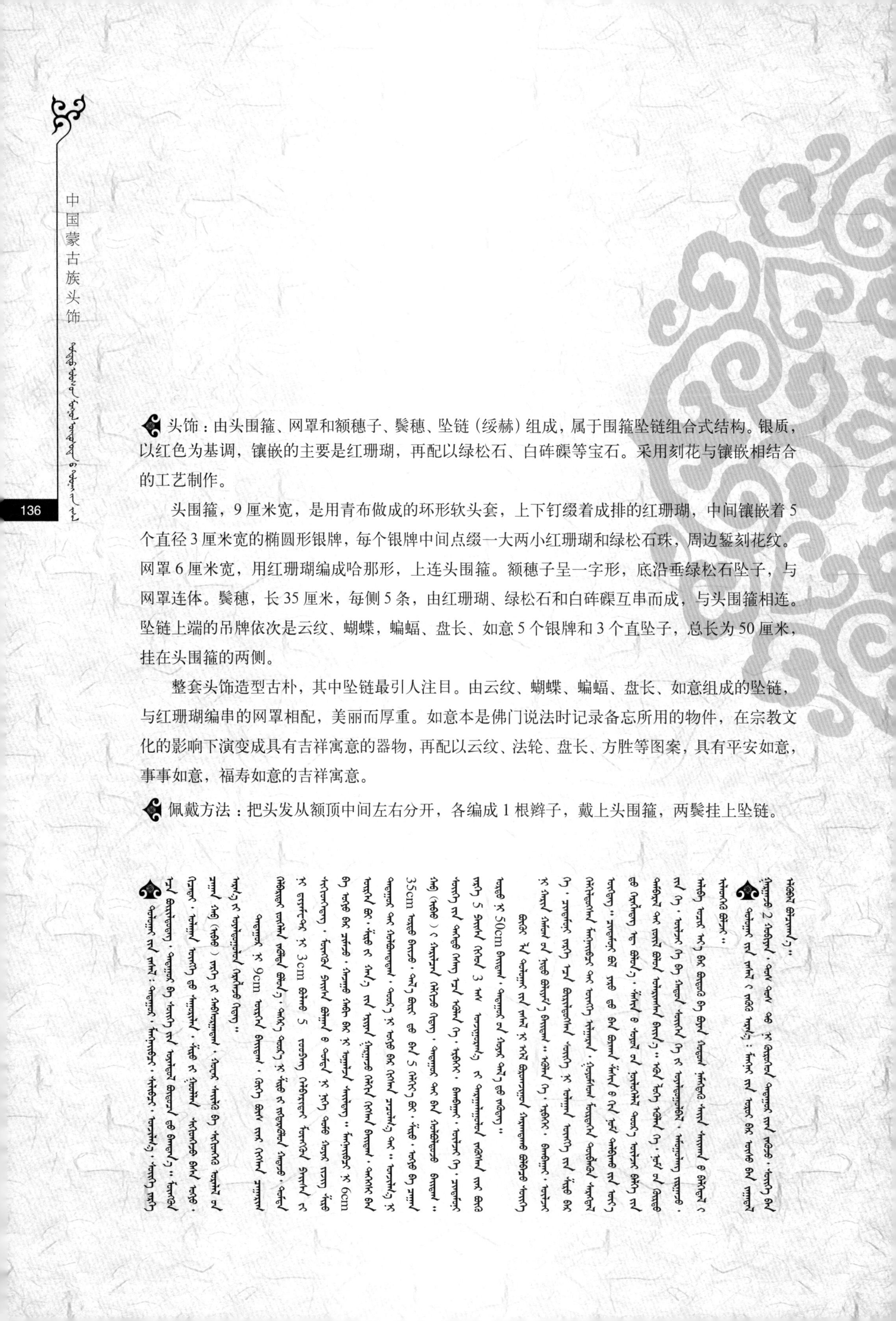

头饰：由头围箍、网罩和额穗子、鬓穗、坠链（绥赫）组成，属于围箍坠链组合式结构。银质，以红色为基调，镶嵌的主要是红珊瑚，再配以绿松石、白砗磲等宝石。采用刻花与镶嵌相结合的工艺制作。

头围箍，9 厘米宽，是用青布做成的环形软头套，上下钉缀着成排的红珊瑚，中间镶嵌着 5 个直径 3 厘米宽的椭圆形银牌，每个银牌中间点缀一大两小红珊瑚和绿松石珠，周边錾刻花纹。网罩 6 厘米宽，用红珊瑚编成哈那形，上连头围箍。额穗子呈一字形，底沿垂绿松石坠子，与网罩连体。鬓穗，长 35 厘米，每侧 5 条，由红珊瑚、绿松石和白砗磲互串而成，与头围箍相连。坠链上端的吊牌依次是云纹、蝴蝶，蝙蝠、盘长、如意 5 个银牌和 3 个直坠子，总长为 50 厘米，挂在头围箍的两侧。

整套头饰造型古朴，其中坠链最引人注目。由云纹、蝴蝶、蝙蝠、盘长、如意组成的坠链，与红珊瑚编串的网罩相配，美丽而厚重。如意本是佛门说法时记录备忘所用的物件，在宗教文化的影响下演变成具有吉祥寓意的器物，再配以云纹、法轮、盘长、方胜等图案，具有平安如意，事事如意，福寿如意的吉祥寓意。

佩戴方法：把头发从额顶中间左右分开，各编成 1 根辫子，戴上头围箍，两鬓挂上坠链。

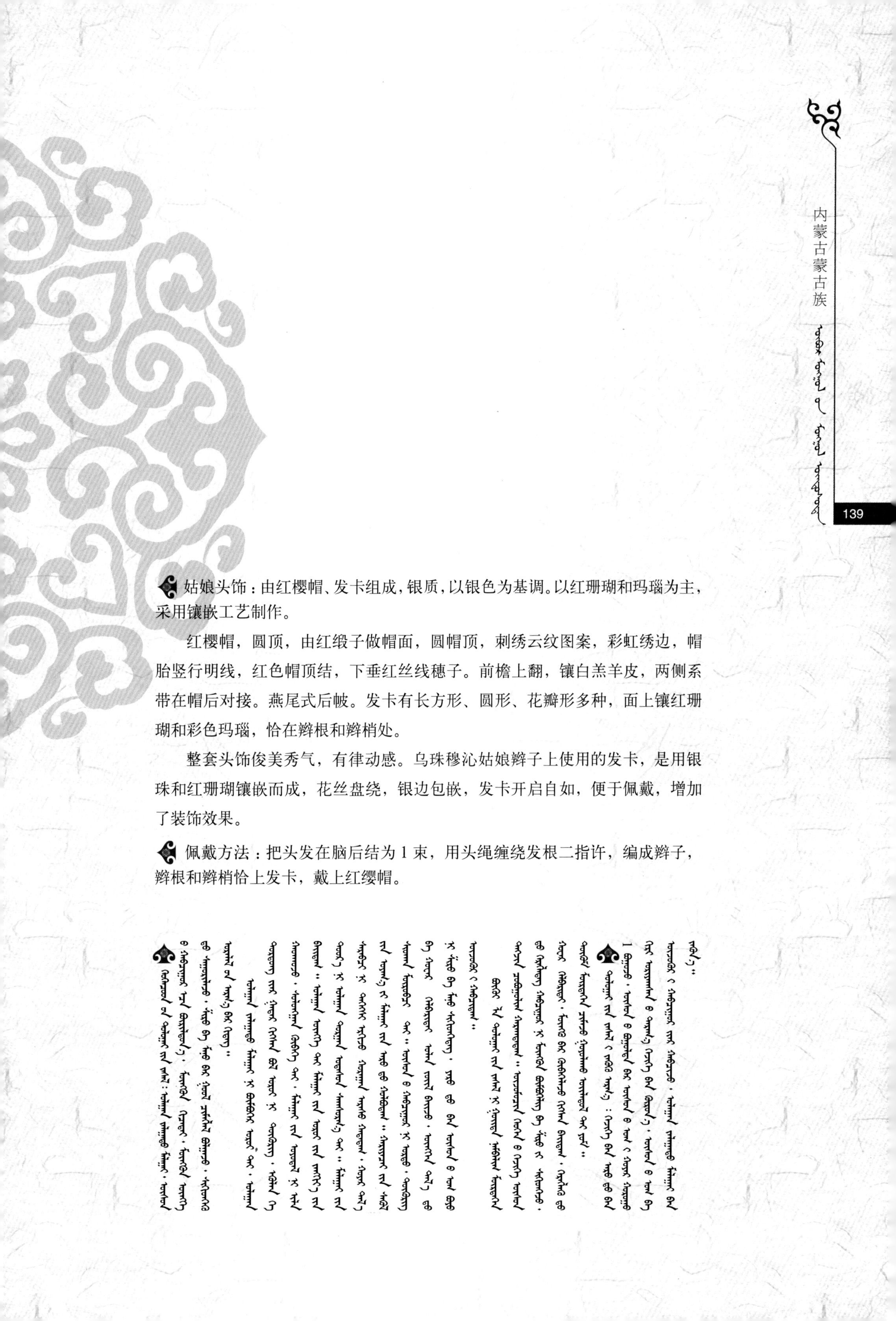

姑娘头饰：由红樱帽、发卡组成，银质，以银色为基调。以红珊瑚和玛瑙为主，采用镶嵌工艺制作。

红樱帽，圆顶，由红缎子做帽面，圆帽顶，刺绣云纹图案，彩虹绣边，帽胎竖行明线，红色帽顶结，下垂红丝线穗子。前檐上翻，镶白羔羊皮，两侧系带在帽后对接。燕尾式后帔。发卡有长方形、圆形、花瓣形多种，面上镶红珊瑚和彩色玛瑙，恰在辫根和辫梢处。

整套头饰俊美秀气，有律动感。乌珠穆沁姑娘辫子上使用的发卡，是用银珠和红珊瑚镶嵌而成，花丝盘绕，银边包嵌，发卡开启自如，便于佩戴，增加了装饰效果。

佩戴方法：把头发在脑后结为1束，用头绳缠绕发根二指许，编成辫子，辫根和辫梢恰上发卡，戴上红缨帽。

巴林

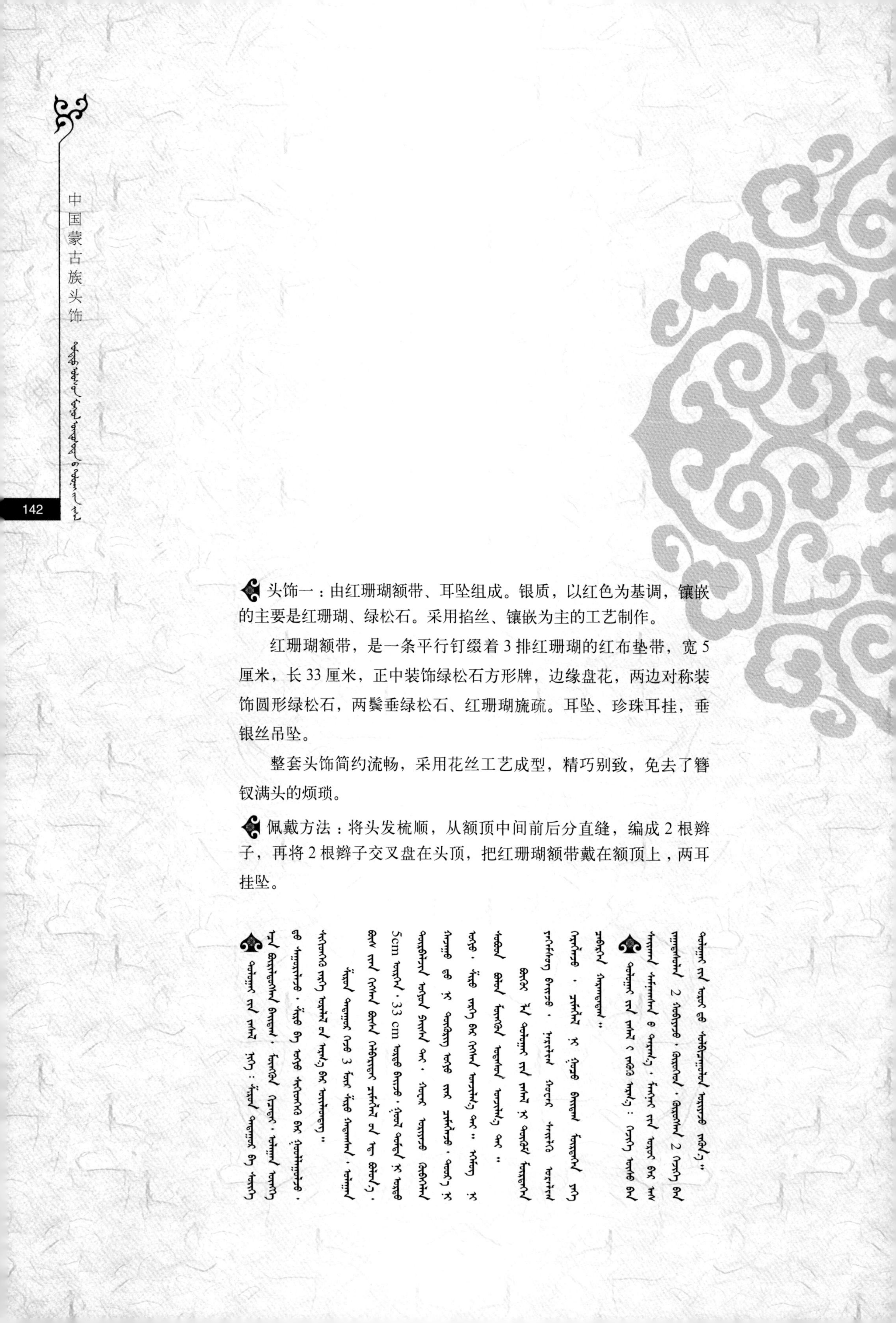

头饰一：由红珊瑚额带、耳坠组成。银质，以红色为基调，镶嵌的主要是红珊瑚、绿松石。采用掐丝、镶嵌为主的工艺制作。

红珊瑚额带，是一条平行钉缀着3排红珊瑚的红布垫带，宽5厘米，长33厘米，正中装饰绿松石方形牌，边缘盘花，两边对称装饰圆形绿松石，两鬓垂绿松石、红珊瑚旒疏。耳坠、珍珠耳挂，垂银丝吊坠。

整套头饰简约流畅，采用花丝工艺成型，精巧别致，免去了簪钗满头的烦琐。

佩戴方法：将头发梳顺，从额顶中间前后分直缝，编成2根辫子，再将2根辫子交叉盘在头顶，把红珊瑚额带戴在额顶上，两耳挂坠。

头饰二：由红珊瑚额带、扁方、簪、辫筒、耳坠组成，属于簪钗组合式结构。银质或银烧蓝，以银色和红色基调搭配，镶嵌的主要是红珊瑚，再配以绿松石、翡翠、玉等宝石。采用烧蓝与镶嵌等工艺制作。

红珊瑚额带有 2 条，是钉缀着 3 排红珊瑚的青布垫带，长 33 厘米，宽 5 厘米，正中、两耳上方，对称嵌以方形绿松石，上刻梅花和盘长图案，正中镶红珊瑚。扁方，两竖一横，竖的呈锥形，一侧设有圆轴，面上刻有梅花和叶形纹，横的扁平呈一字形，长 16 厘米，上镶绿松石和红珊瑚。簪，有银梅花托簪、红珊瑚头簪。梅花托簪，针挺，簪头上下饰以梅花托盘，用于托起盘索的辫子。辫筒，5 厘米长，直径 3 厘米，空心，两侧银包边，中间外裹小粒红珊瑚珠。耳坠，钩形耳挂上装饰绿松石桃形托，长 5 厘米，下挂 3 串，坠子由红珊瑚和银珠互串而成。

整套头饰由 11 个插件组成，具有独特的装饰风格。花簪、扁方以蝴蝶、梅花、叶形纹为主，以蝴蝶和梅花组合而成的图案，称为蝶恋花。在民间蝴蝶被视为吉祥物，其翼色彩斑斓，蝶美于须，恋花的蝴蝶常被用来表现甜蜜的爱情和美满的姻缘。梅有五瓣，以此象征五福临门。

佩戴方法：把头发从额顶中间左右分开，再从两耳上方前后分开，用红头绳缠绕发根二指许后，再分别编成 1 根辫子。把辫筒套在发辫的根部，辫子自然下垂，把大扁方横亘在头顶上端。缠发髻之前，先将 2 支竖扁方从前插进辫筒内，压在横扁方之上，再从 2 个辫筒的后侧各插入 1 根托簪，两辫顺着发迹从托簪的梅花托盘中交叉穿过，前后交叉盘索后在扁方下固定。再将两耳上方各留出的 1 缕长发向里拧成 1 股，也可编成辫子，顺着两鬓向后盘绕固定，在盘好的发髻外缘用红绸缠绕，戴上红珊瑚额带和簪，挂上耳坠。

阿鲁科尔沁

头饰一：由红珊瑚额带、扁方、簪、步摇、耳坠组成，属于簪钗组合式结构。银质或银烧蓝，以银色和红色基调搭配，镶嵌的主要是红珊瑚、绿松石、玉等宝石。采用烧蓝、镂空和錾刻的工艺制作而成。

红珊瑚额带有 2 条，长 33 厘米、宽 5 厘米的绿布垫带上钉缀着 5 排红珊瑚，额带正中与两鬓嵌以方形绿松石牌，上刻梅花和盘长。扁方，两竖一横，一大两小，一侧设有齿形圆轴，竖的呈锥形，长 13 厘米，横的扁平呈一字形，长 16 厘米，面上錾刻缠枝纹，并嵌以红珊瑚和绿松石。簪子有银镶绿松石圆头簪、双喜纹头簪，均为扁挺。双喜纹头簪，长 5.5 厘米，宽 5 厘米，弧形镂空，双喜连缀，一般插在辫根处。步摇，有银蝴蝶纹步摇、扇形步摇、盘长纹步摇，下垂红珊瑚和绿松石旒疏。耳坠，钩形耳挂，下垂红珊瑚坠子。

整套头饰由 15 个插件组合而成，装饰有双喜纹、盘长、扇形、蝴蝶、蝙蝠、元宝、桃、梅花等图案。最有特色的尤数双喜纹头簪了，簪体镂空，刻有双喜。由两个喜字组成的“囍”簪，普遍运用在婚礼上。“喜”字是人们生活中不可缺少的吉祥符号，是定情之物，也是结婚的喜符。喜簪是每个姑娘必有的饰物。一件小小的头簪，虽然它用银不多，却包含了人们诸多美好的祝愿。

佩戴方法：将长发梳顺，从额顶中间分开，再将两耳上方前后分开，用红头绳缠绕发根二指许，分别编成辫子，把双喜纹头簪插在发根上，2 个竖扁方从双喜纹头簪前插进辫根处，后侧各插入 1 根圆头簪，把辫子在头顶后侧交叉盘起后固定。再将大扁方横亘在头顶上端，将两耳上方各留出的 1 缕长发，向里拧成 1 股（也可编成辫子），顺着两鬓向后盘绕固定，外用红绸顺着盘好的发髻缠绕，然后系上红珊瑚额带，额带两头有系带，横箍在额顶上方，再从脑后系结。发髻的两侧插上簪和步摇。

头饰二：由红珊瑚额带、扁方、簪、辫筒、耳坠组成，属于簪钗组合式结构。银质或银烧蓝，以银色和红色基调搭配，镶嵌的主要是红珊瑚、绿松石、翡翠、玉等宝石。采用烧蓝与镶嵌为主的工艺制作。

红珊瑚额带有 3 条，每条宽 5 厘米、长约 33 厘米的红布垫带上钉缀着 3 ～ 5 排红珊瑚，正中和两耳上方对称缀着长方形绿松石牌，牌面上刻着花草，中间点缀红珊瑚。另一条两侧缀有玉蝙蝠。额前 1 条缀有红珊瑚坠子。扁方，一横两竖，一大两小，一侧设有圆轴，两头齿轮式装饰，上镶嵌红珊瑚和绿松石，横的呈一字形，长 17 厘米；竖的呈锥形，面上錾刻龙凤纹。银圆头簪，针挺，前口镶嵌红珊瑚。辫筒长 5.5 厘米，直径 3 厘米，空心，两侧银包边，中间外裹小粒红珊瑚珠。耳坠，钩形耳挂上装饰绿松石桃形托，长 5 厘米，坠子由红珊瑚和银珠互串而成，下挂 2 串。

整套头饰由 14 个插件组成，可谓珠花满头。扁方是一种插在发髻上的饰物，造型多样，多用珠花或各种玉翠、玛瑙、红珊瑚等点缀，配上龙凤、卷云纹装饰，插在头上高低错落，嫣然气派。龙纹不仅具有王者的风范，而且还蕴含着丰富的文化内涵。凤是飞禽中的最美者，预示着荣华富贵，与龙纹搭配，具有龙凤呈祥之意。

佩戴方法：将头发梳顺，从额顶中间前后分直缝，两耳上方前后再分开，用红头绳把后侧发根缠绕二指许，再分别编成 1 根辫子，套上辫筒，把辫筒移至辫根处，2 个竖扁方从前侧插进辫筒内，然后将大扁方横亘在头顶上端，压在竖扁方之下，再从 2 个辫筒的后侧各插入 1 根托簪，两辫顺着发迹从托簪的梅花托盘中交叉穿过，前后交叉后固定；再将两耳上方各留出的 1 缕长发向里拧成 1 股，顺着两鬓向后盘绕，外用红绸缠绕发髻，额带横箍在前额上方，有穗子的额带戴在下方，使其穗子垂于额头，发髻两侧插上簪，双耳挂坠。

奈曼

头饰：由红珊瑚额带、扁方、簪、辫筒、耳坠组成，属于簪钗组合式结构。银质，以银色和红色基调搭配，镶嵌的主要是红珊瑚、绿松石、翡翠、玛瑙、玉等宝石。采用錾刻与镶嵌工艺制作而成。

红珊瑚额带是一条宽 5 厘米、长约 33 厘米的青布垫带，上钉缀着 3 排红珊瑚，正中长方形银牌中点缀着红珊瑚和绿松石，牌面上刻着花草，左右耳上方长方形绿松石上刻有梅花，两端是玉石蝙蝠。扁方，一横两竖，一大两小，一侧设有圆轴，两头齿轮式装饰，上镶嵌红珊瑚和绿松石，横的一字形，长 17 厘米；竖的锥形，面上錾刻龙凤纹。银圆头簪，扁挺，前口镂空，面上刻有蝴蝶纹。辫筒长 5.5 厘米，直径 3 厘米，空心，两侧银包边，中间外裹小粒红珊瑚珠。耳坠，长 5 厘米，钩形耳挂前装饰桃形绿松石托，吊银珠和红珊瑚珠互串的坠子。

整套头饰由 10 个插件组成，外形精巧，工艺精湛，吉祥花纹高低错落，颇为质朴。簪均采用龙凤、花草纹装饰，额带上又刻以梅花和蝙蝠，吉祥图案尽在其中。梅花的五瓣象征着“五福”，福是人生幸福如意的统称，蝙蝠，古人视其为神异，因“蝠”与“福”谐音，寓意“进福”或“降福”。两个图案搭配组合，有五福临门之意。

佩戴方法：将头发梳顺，从额顶中间平均分缝，再从两耳上方把头发前后分开，用红头绳缠绕发根二指许，编成辫子；把辫筒套在 2 根辫子的根部，发辫顺垂在脑后；竖扁方从前面插进 2 个辫筒内，圆头簪从辫筒的后侧插入，两辫顺着发迹从圆头簪的下侧交叉穿过，前后盘索后固定；两鬓各留出的 1 缕长发，向内拧成 1 股，顺着两鬓向后盘绕固定；大扁方横亘在头顶上端，外用绿绸子顺着盘好的发髻缠绕，把红珊瑚额带横箍在前额上方，双耳挂上耳坠，插上簪钗，两鬓插花。

苏尼特

ᠰᠦᠨᠢᠳ

头饰：由前额带、额穗子、鬓穗、坠链（绥赫）、发箍盒、月牙形錾花银盘与后屏（帘）组成，属于额箍后屏组合式结构。银质，以红色为基调，镶嵌的主要是红珊瑚，配以绿松石、玛瑙、玉、碧玺、白砗磲、青金石等宝石。采用镂空和刻花等工艺制作。

前额带是一条宽 5 厘米、长 25 厘米的青布衬带，上排列着 7 个镂空盘花圆托和 6 个腰形托，上嵌红珊瑚和绿松石。与后屏上的月牙形錾花银盘对接，连为环套戴在头上。额穗子由银珠编成哈那形网帘，下沿垂红珊瑚坠子，在眉心处一字形排开。鬓穗，40 厘米长，每侧 5 条红珊瑚旒疏，由半圆形镂空银牌相串，直接挂在额带的两侧。坠链有 4 个盘花方牌、1 个弓形牌、3 个直坠子，由小至大串挂而成，座上均嵌以红珊瑚，由银索做搭链，横亘在头顶上方。长方形发箍盒，长 5.5 厘米，宽 4.5 厘米，盒面微鼓，雕刻有卷草纹，下挂垂有 7 条银索链的辫穗子。底插锁团，锁团里用软木外絮棉，用青布包裹而缝制，插入盒内以封固辫子。月牙形錾花银盘，中间隆起，缠枝镂空层叠曲绕，长 26 厘米，宽 8 厘米，与前额带在耳后对接。钩环下吊有 32 厘米宽的哈那形后屏，网帘由红珊瑚和绿松石串成，下垂红珊瑚直穗子。

整套头饰中围箍耀眼夺目，与后屏一道构成了苏尼特头饰最绚丽的风景。鬓穗和坠链长短相间，采用卷草、缠枝装点，两种纹饰相互穿插烘托，有生生不息的律动感和万代绵长的连续感，别有一番风韵。

佩戴方法：从额顶正中将头发均匀地分开，各编 1 根辫子，辫梢扎上红头绳；并把辫子装入发箍盒内，从底部插入锁团，然后把辫子的下端缠绕在锁团的柄上，用红头绳固定，再插上辫穗子；头围箍与月牙形錾花银盘在耳后上方对接，戴在头上，使银盘自然翘起，后屏下垂。

阿巴嘎（阿巴哈纳尔）

头饰：由头围箍、额穗子、鬓穗、坠链（绥赫）、发箍盒、后屏（帘）组成，属于围箍后屏组合式结构。银质或银鎏金，以红色为基调，镶嵌的主要是红珊瑚和绿松石，再配以玛瑙、翡翠、玉、紫金石等宝石。采用掐丝、錾刻、镶嵌等工艺制作而成。

头围箍，宽 5 厘米，是用青布缝制的环形软头套，上镶着 19 个方圆相间的银托，托上嵌以半圆形红珊瑚，尤以前额正中为最大。额穗子由银珠编成哈那形网帘，下垂红珊瑚坠子，呈人字形在眉宇间散开。鬓穗，35 厘米长，银珠编串的旒疏由半圆形掐丝盘花牌连接，每侧 15 条，尾端吊叶形坠子。坠链由银丝盘结的 2 个方牌和 1 个弓形牌、3 个直坠子组成，由小至大，座上嵌以红珊瑚，上端用青布做搭带横亘在头顶上方，顺着两耳垂下。发箍盒为长方形，长 6 厘米，宽 4 厘米，盒面突起呈弧形，镂空盘结缠枝纹，并嵌以红珊瑚珠。底插锁团，锁团里用软木，外用棉和青布包裹，插入盒内用于封固发辫。3 块长方形镂空银牌上盘有缠枝纹，上与后围箍相连，下后屏与此相挂，帘长 50 厘米，宽 20 厘米，由红珊瑚串成哈那形网帘，间隔点缀 1 排绿松石和彩色玛瑙、翡翠、玉、碧玺，下端垂着 11 根红珊瑚直穗子。

整套头饰以双凤、缠枝作为主纹样，用梅花、卷云纹做陪衬，长垂的后屏是头饰最耀眼的配件，红色珊瑚编织的网帘，似绚丽的彩带披肩而下，艳丽夺目，高贵而典雅。红珊瑚色泽纯正，似蒸腾的火焰，象征着旺盛的生命力，所以阿巴嘎（阿巴哈纳尔）蒙古族女性对其偏爱有加。这既反映了她们特有的审美情趣，又折射出她们豪放的性格特征。

佩戴方法：从额顶正中将头发分开，两侧各编 1 根辫子，把编好的辫子装入发箍盒，移至辫根处。从底部插入锁团，辫梢缠绕在锁团的柄上，用红头绳扎紧固定，然后将坠链的搭带横亘在头顶上端，戴上头围箍。

达尔罕
ᠳᠠᠷᠬᠠᠨ

头饰：由额顶饰、头围箍、额穗子、鬓穗、坠链（绥赫）、发箍盒、后箍、佛盒组成，属于顶饰坠链组合式结构。银质，以红色为基调，镶嵌的主要是红珊瑚、绿松石和白砗磲等宝石。采用刻花、掐丝、镶嵌等工艺制作。

额顶饰，是戴在囟门正中处的花瓣形银饰，4 个边缘和顶中嵌以红珊瑚和绿松石，与后箍同缀在一个环形衬带上。头围箍是青布缝制的环形头套，宽 5 厘米，间隔钉缀着 21 个刻花的圆形和腰形 2 种银托，托上嵌以半圆形红珊瑚，正中略大，且为火纹造型。额穗子由银珠编成哈那形，帘底垂绿松石坠子，呈一字形，散于眉宇间。鬓穗每侧 7 条，从短至长阶梯式延至两鬓，长的 38 厘米，短的 7 厘米，由银珠串成旒疏。坠链的上端由银链相连，其中由 1 个弓形牌、3 个直坠子、1 个方牌和 5 条 35 厘米长的珠链组成，隔段串着红珊瑚、绿松石、白砗磲等宝石。发箍盒为长方形，长 8 厘米，宽 5 厘米，中间插入锁团，锁团里用软木，外絮棉，用青布包裹而缝制，以此封固发箍盒里的辫子。后箍由 4 个弧形牌组成，上侧 3 个，总长 30 厘米（每个 10 厘米），下侧 1 个，长 13 厘米，宽度均为 5.5 厘米，上嵌大颗红珊瑚，边缘刻有蛇纹。佛盒，圆形，直径 7 厘米，中间镶红珊瑚，边缘錾刻莲花，下垂 5 条旒疏。

整套头饰坠链长而鬓穗短，红珊瑚旒疏精致流畅，后箍银牌硕大，构图精巧细腻，把变化多端的卷云、方胜，均匀规整地点缀其上，并与坠链形成落差，把工艺和智慧凝聚的美，全部镌刻在了头饰上。

佩戴方法：把长发从额顶中间分开，各编 1 根辫子，辫梢扎上红头绳；并把辫子装入发箍盒内，底部插入锁团以此锁住发辫，然后把辫子的下端缠绕在锁团的柄上，用红头绳系紧，插上辫穗子；先戴额顶饰和后箍，再戴头围箍，挂上坠链。

土默特

头饰一：由额顶饰、头围箍、额穗子、鬓穗、坠链（绥赫）、发箍盒、后箍、胸挂饰组成，属于顶饰坠链组合式结构。银质，以红色为基调，镶嵌的主要是红珊瑚、绿松石和珍珠。采用掐丝与镶嵌相结合的工艺制作。

额顶饰，菱形，花边，4 个边缘和顶中饰以 3 个为 1 组的红珊瑚和绿松石，周边刻以卷草纹，一般戴在囟门正中处。头围箍是镶着 16 个圆形和腰形 2 种银托的青布环形头套，宽 5 厘米，银托上嵌有半圆形红珊瑚，数当额为最大，套在额顶上方。前沿的额穗子，由银珠编串，底吊绿松石坠子，呈一字形在眉宇间排开。鬓穗，长 35 厘米，4 条 20 厘米长的红珊瑚旒疏，桃形坠下又分出 8 条 15 厘米长的银索链，垂于两鬓。坠链长 70 厘米，半圆形银牌下相串着大小两个镶嵌红珊瑚的圆固，1 个弓形牌、3 个直坠子、1 个方牌，之下又续接 5 条红珊瑚旒疏。 长方形发箍盒，7 厘米长，盒面刻花，用红珊瑚和绿松石装饰。底插锁团，锁团里用软木，外侧絮棉，用青布包裹而缝制，用于固定发箍盒里的头发。后箍上下 2 排连缀着 4 个弧形长方形银牌，上侧的每个 10 厘米长，下侧的长 13 厘米，均为 5 厘米宽，用大颗红珊瑚点缀，与额顶饰连缀在环形头套上，直接箍在头发上。胸挂饰上下 3 层，长 60 厘米，顶端和中间垂着一大一小 2 个银固，小的呈花瓣形，中间嵌大颗红珊瑚，大的银丝盘结，其下吊着 2 个如意锁、2 个针筒、1 个银三饰（耳勺、镊、牙签），两侧挂在颈项上。

整套头饰美艳阔气，坠链长而鬓穗短。胸挂饰璀璨夺目，美不胜收，其银锁、针筒凝聚着个性之美。如意锁的正面刻有云纹，造型独特，做工精细讲究。针筒外形厚重，纹饰细腻清新，又以卷草、方胜、汗宝古、蝙蝠、蛇纹等点缀，体现了土默特高超的民间工艺水平。卷草的细叶卷曲穿插，委婉多姿，富有连续的韵律感，有生生不息、万代绵长的文化含意。

佩戴方法：将头发从中间分开梳顺，编成左右各 1 根辫子，辫梢扎上红头绳；然后装入发箍盒内，将发箍盒移至辫根处，底部插上锁团以锁住发辫，把辫子缠在锁团的柄上，用红头绳扎紧；再将额顶饰和后箍的环套一并戴在头上，然后戴上头围箍，挂上坠链，在颈项上挂上胸挂饰。

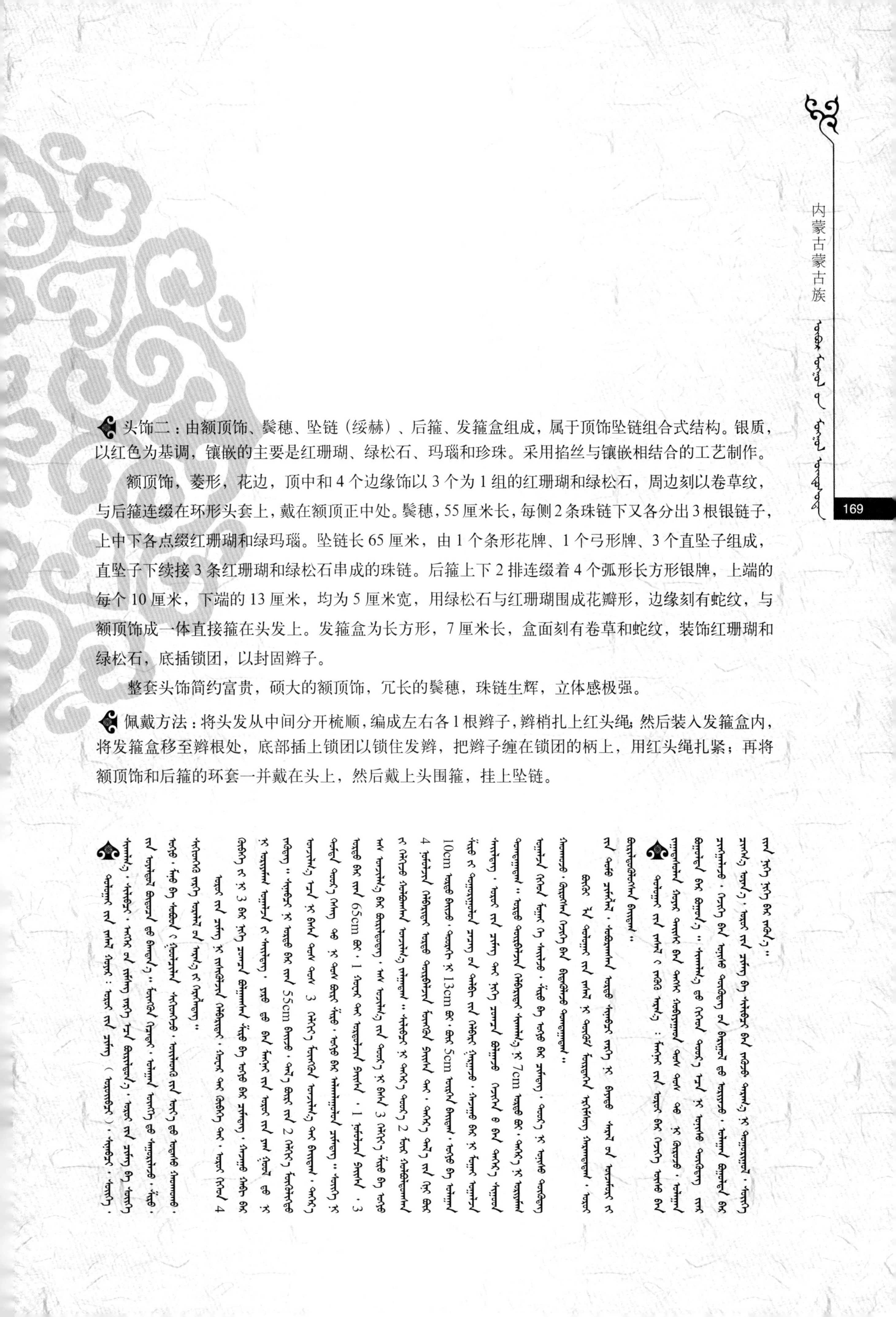

头饰二：由额顶饰、鬓穗、坠链（绥赫）、后箍、发箍盒组成，属于顶饰坠链组合式结构。银质，以红色为基调，镶嵌的主要是红珊瑚、绿松石、玛瑙和珍珠。采用掐丝与镶嵌相结合的工艺制作。

额顶饰，菱形，花边，顶中和 4 个边缘饰以 3 个为 1 组的红珊瑚和绿松石，周边刻以卷草纹，与后箍连缀在环形头套上，戴在额顶正中处。鬓穗，55 厘米长，每侧 2 条珠链下又各分出 3 根银链子，上中下各点缀红珊瑚和绿玛瑙。坠链长 65 厘米，由 1 个条形花牌、1 个弓形牌、3 个直坠子组成，直坠子下续接 3 条红珊瑚和绿松石串成的珠链。后箍上下 2 排连缀着 4 个弧形长方形银牌，上端的每个 10 厘米，下端的 13 厘米，均为 5 厘米宽，用绿松石与红珊瑚围成花瓣形，边缘刻有蛇纹，与额顶饰成一体直接箍在头发上。发箍盒为长方形，7 厘米长，盒面刻有卷草和蛇纹，装饰红珊瑚和绿松石，底插锁团，以封固辫子。

整套头饰简约富贵，硕大的额顶饰，冗长的鬓穗，珠链生辉，立体感极强。

佩戴方法：将头发从中间分开梳顺，编成左右各 1 根辫子，辫梢扎上红头绳；然后装入发箍盒内，将发箍盒移至辫根处，底部插上锁团以锁住发辫，把辫子缠在锁团的柄上，用红头绳扎紧；再将额顶饰和后箍的环套一并戴在头上，然后戴上头围箍，挂上坠链。

和硕特

头饰一：由盘长錾花座、簪、耳坠、辫套组成，属于顶饰辫套组合式结构。银质，以黑色、粉色、绿色基调搭配，再镶嵌以翡翠、玛瑙、珍珠、红宝石、绿宝石、蓝宝石。采用镶嵌和刻花、刺绣为主的工艺制作。

盘长錾花座，座面盘长曲绕，对称镶嵌着9颗紫色、绿色、粉色的玛瑙、翡翠等宝石，尤数正中为最大。宝石珠周边雕刻有缠枝和梅花，并钉缀在1条宽12厘米的黑纱上，横箍在囟门正中。3枚圆头簪，针挺，中间嵌以红宝石，花瓣形边缘各镶有16颗珍珠和鎏金珠。耳坠长10厘米，钩形耳挂，耳挂通体嵌满绿色和黄色宝石珠。辫套由黑贡缎或平绒布缝制，宽8厘米，长1米，下端刺绣有20厘米长的海棠花、凤鸟边饰。上口分别缀有2颗大红珊瑚珠，起装饰和对接辫套的作用。

整套头饰雍容俏美，以盘长、梅花、缠枝为主纹样，又以海棠、红豆、凤鸟等图案搭配，和谐美艳。盘长是蒙古族常用的吉祥图案，应用范围较广，一般以2个重叠或数个连接，或组成各种变体纹样，盘曲连缀，有绵延不绝、永续不断和吉祥五福之含意，古朴中透着神秘，把自然卓美所形成的天然情趣表达得淋漓尽致。

佩戴方法：将长发从额顶中间一分为二，把头发理直梳顺，把每侧的头发从前至后分成4股；耳前的1股头发拧紧后与第二股合一，最后1股编成小辫与第3股头发再合一；用1条宽5厘米的黑纱横亘在头顶中央，一侧一半，作为1股，另外的2股头发再各搭1条黑纱，3股头发在颅顶上方编成1根粗辫子；左右2根辫子编好后，在辫根处用黑头绳固定，辫根自然翘起，并把翘起的2根辫子分别装入辫套内；然后在囟门靠后的位置把2个辫套上口对接，将1对缀有大红珊瑚珠的丝绳连起来系之，辫套顺着鬓角自然下垂。将盘长錾花座横箍在囟门正中，两端在脑后系紧后固定；然后，辫套从坎肩的袖窿口串进，在前下摆处露出刺绣花边，垂至腰际以下；1根簪插在前辫根处，另外2根簪子插在脑后正中。

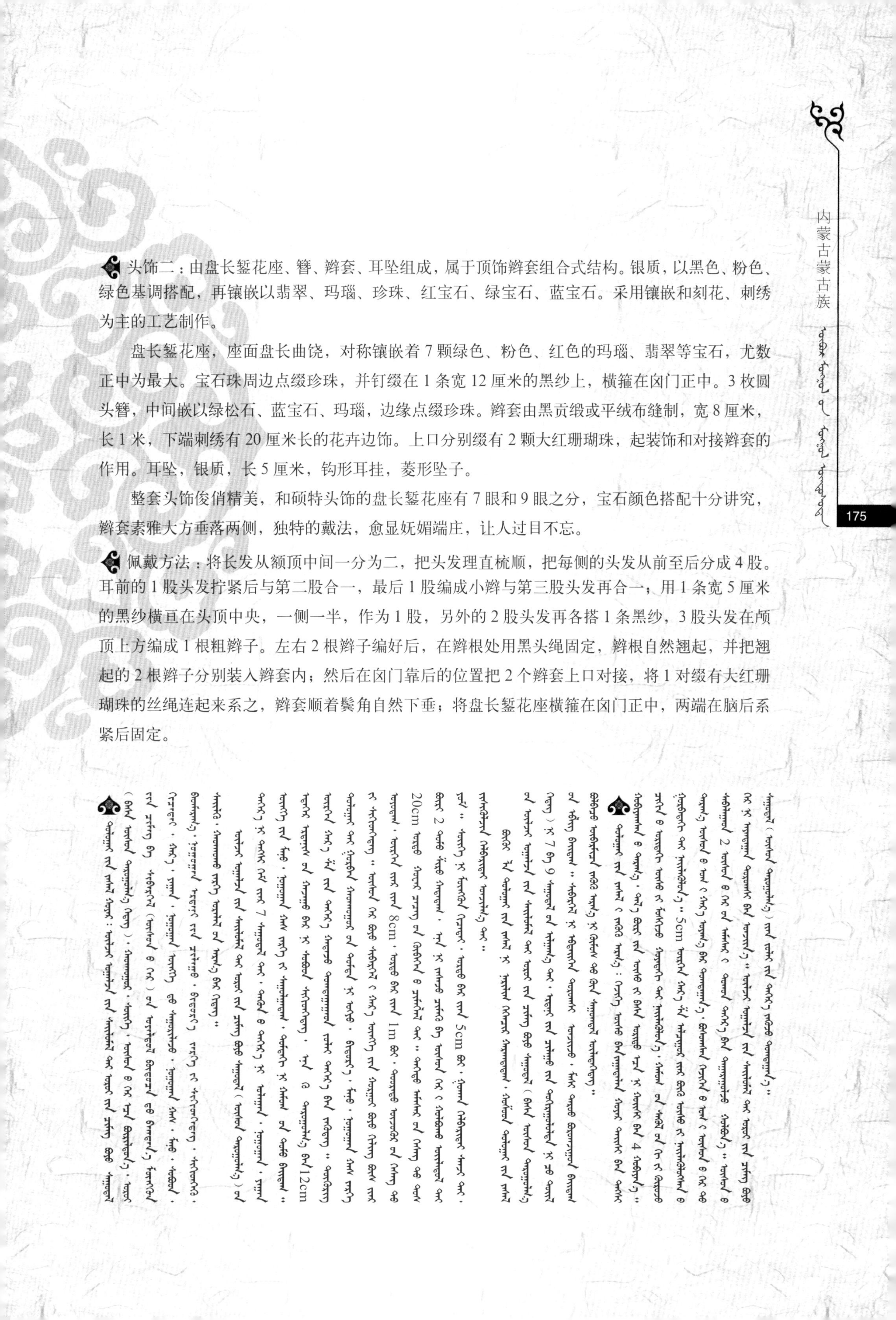

头饰二：由盘长錾花座、簪、辫套、耳坠组成，属于顶饰辫套组合式结构。银质，以黑色、粉色、绿色基调搭配，再镶嵌以翡翠、玛瑙、珍珠、红宝石、绿宝石、蓝宝石。采用镶嵌和刻花、刺绣为主的工艺制作。

盘长錾花座，座面盘长曲饶，对称镶嵌着 7 颗绿色、粉色、红色的玛瑙、翡翠等宝石，尤数正中为最大。宝石珠周边点缀珍珠，并钉缀在 1 条宽 12 厘米的黑纱上，横箍在囟门正中。3 枚圆头簪，中间嵌以绿松石、蓝宝石、玛瑙，边缘点缀珍珠。辫套由黑贡缎或平绒布缝制，宽 8 厘米，长 1 米，下端刺绣有 20 厘米长的花卉边饰。上口分别缀有 2 颗大红珊瑚珠，起装饰和对接辫套的作用。耳坠，银质，长 5 厘米，钩形耳挂，菱形坠子。

整套头饰俊俏精美，和硕特头饰的盘长錾花座有 7 眼和 9 眼之分，宝石颜色搭配十分讲究，辫套素雅大方垂落两侧，独特的戴法，愈显妩媚端庄，让人过目不忘。

佩戴方法：将长发从额顶中间一分为二，把头发理直梳顺，把每侧的头发从前至后分成 4 股。耳前的 1 股头发拧紧后与第二股合一，最后 1 股编成小辫与第三股头发再合一；用 1 条宽 5 厘米的黑纱横亘在头顶中央，一侧一半，作为 1 股，另外的 2 股头发再各搭 1 条黑纱，3 股头发在颅顶上方编成 1 根粗辫子。左右 2 根辫子编好后，在辫根处用黑头绳固定，辫根自然翘起，并把翘起的 2 根辫子分别装入辫套内；然后在囟门靠后的位置把 2 个辫套上口对接，将 1 对缀有大红珊瑚珠的丝绳连起来系之，辫套顺着鬓角自然下垂；将盘长錾花座横箍在囟门正中，两端在脑后系紧后固定。

蒙古族穆斯林

头饰：由盘长镂空座、鬓穗、黑纱巾、银卡、辫套组成，属于顶饰辫套组合式结构。银鎏金或银烧蓝，以红色与黑色基调搭配，镶嵌的主要是红珊瑚、绿松石、珍珠、玛瑙、红宝石、蓝宝石。采用镂刻、镶嵌、烧蓝和刺绣等工艺制作。

盘长镂空座，盘长镂空编结，座面隆起呈拱形，3个圆底座上嵌有3颗（中间大，两侧小）大红珊瑚珠，周边錾刻缠枝纹，前后边缘浮雕小朵梅花，镂空座钉缀在1条宽12厘米的黑纱上，佩戴在囟门正中。脸颊两侧挂鬓穗，每侧3条，每条上下串有9颗宝石珠，中间用翡翠或绿松石点缀，其余均为红珊瑚，6串共计54颗宝石珠。每串珠链下均带有钩环，下挂20厘米长的弓形大耳环，耳环前有花固，边沿垂10条挂铃的索链，直接挂在鬓穗下沿的钩环上。用于缠裹头发的黑纱巾长150厘米，宽50厘米，麻绸或麻纱。银卡，圆形，5枚，中间镶嵌红宝石，边缘嵌以珍珠，掐在2个辫套中间，起装饰和连接辫套的作用。辫套8厘米宽，120厘米长，黑贡缎或平绒布缝制，辫套的上下两端刺绣云纹、犄纹和花卉图案。1个辫套接口处装饰1颗大红珊瑚珠，用黑丝绳对接辫套上口。

整套头饰素雅端庄，飘逸文俊的黑纱与红色鬓穗形成鲜明的色彩反差，既传统端庄又自然高贵。以盘长、缠枝为主纹样，再点缀以梅花、荷花、云纹，更加绝美至极。盘长本为佛教“八宝”之一，因其曲绕盘结，被称为吉祥结。加之单方或二方连，无休无止，它有着绵延不绝、幸福永续之寓意。

佩戴方法：先将头发从中间分缝，分别编成1根辫子，然后把辫子装入辫套内；中间用5个银卡把2个辫套连在一起，再用黑丝绳把辫套上口系紧，辫套自然下垂；用黑纱横着将头发全部包裹起来，封顶后在脑后交叉，前额不留余发；把盘长镂空座戴在囟门正中，用黑纱带子沿着纱巾边缘压紧，鬓穗底环上挂上大耳环，再将包裹头发的黑纱两边拉直，在脑后用发卡对接，露出辫套的上口。

额鲁特

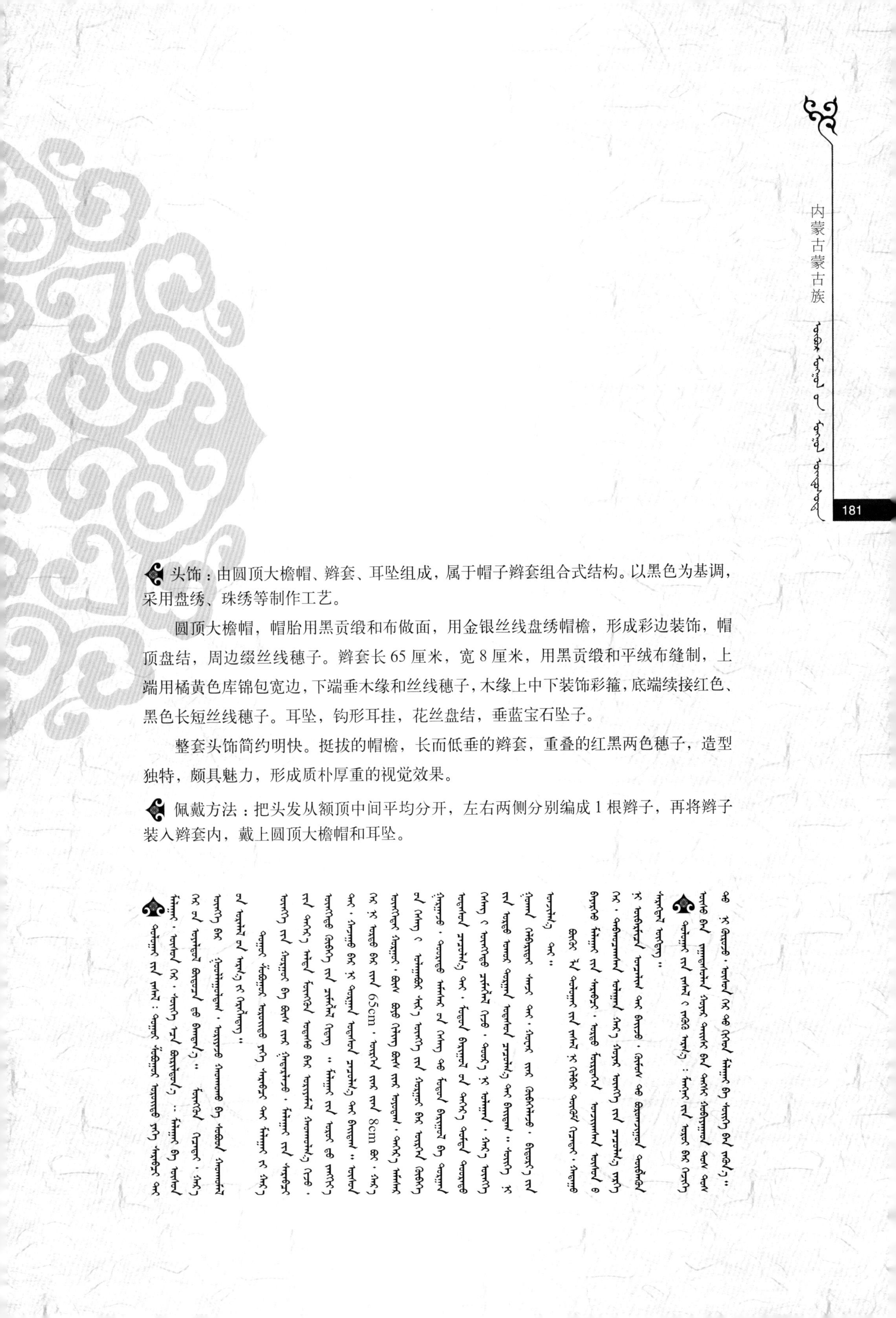

头饰：由圆顶大檐帽、辫套、耳坠组成，属于帽子辫套组合式结构。以黑色为基调，采用盘绣、珠绣等制作工艺。

圆顶大檐帽，帽胎用黑贡缎和布做面，用金银丝线盘绣帽檐，形成彩边装饰，帽顶盘结，周边缀丝线穗子。辫套长 65 厘米，宽 8 厘米，用黑贡缎和平绒布缝制，上端用橘黄色库锦包宽边，下端垂木缘和丝线穗子，木缘上中下装饰彩箍，底端续接红色、黑色长短丝线穗子。耳坠，钩形耳挂，花丝盘结，垂蓝宝石坠子。

整套头饰简约明快。挺拔的帽檐，长而低垂的辫套，重叠的红黑两色穗子，造型独特，颇具魅力，形成质朴厚重的视觉效果。

佩戴方法：把头发从额顶中间平均分开，左右两侧分别编成 1 根辫子，再将辫子装入辫套内，戴上圆顶大檐帽和耳坠。

土尔扈特

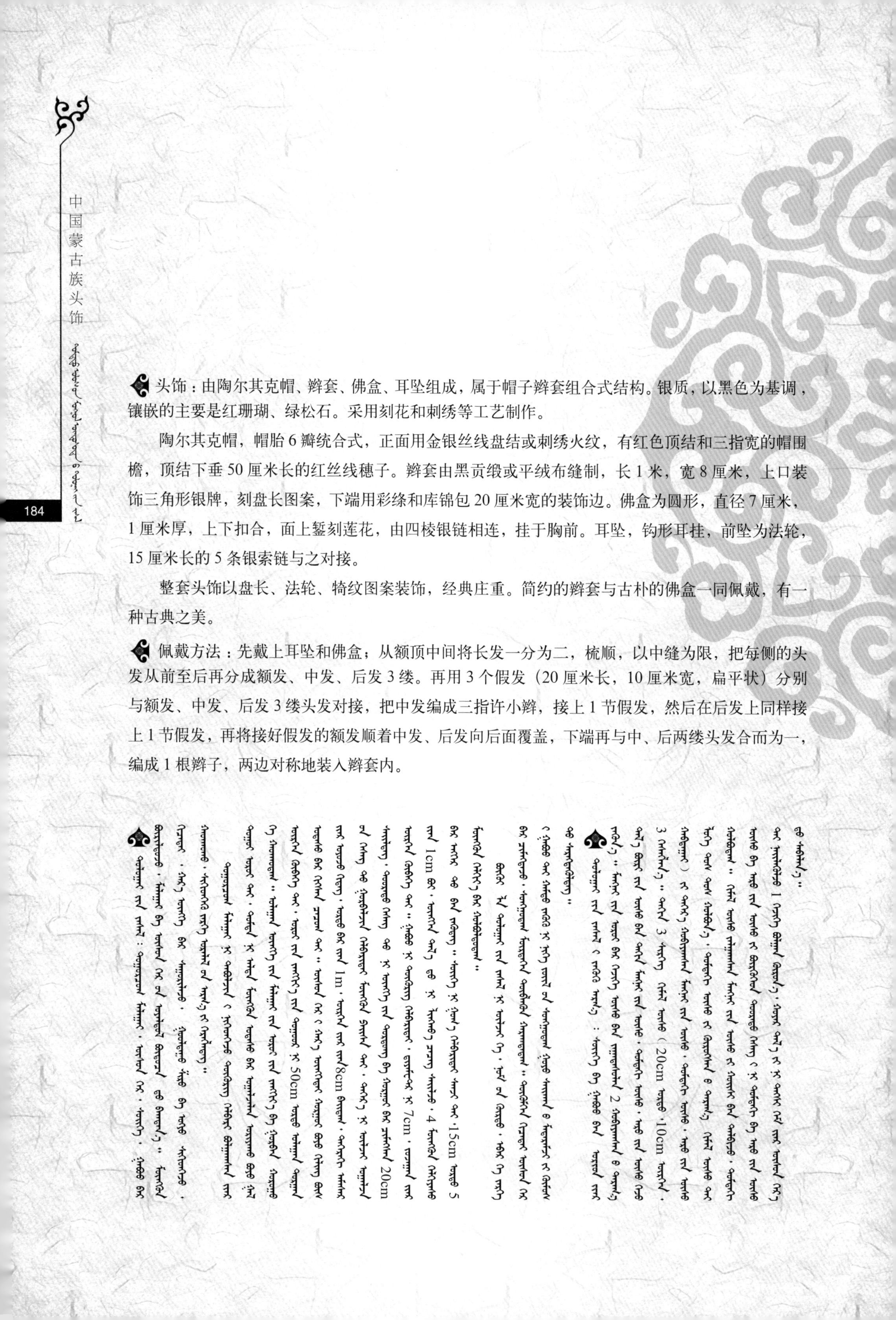

头饰：由陶尔其克帽、辫套、佛盒、耳坠组成，属于帽子辫套组合式结构。银质，以黑色为基调，镶嵌的主要是红珊瑚、绿松石。采用刻花和刺绣等工艺制作。

陶尔其克帽，帽胎 6 瓣统合式，正面用金银丝线盘结或刺绣火纹，有红色顶结和三指宽的帽围檐，顶结下垂 50 厘米长的红丝线穗子。辫套由黑贡缎或平绒布缝制，长 1 米，宽 8 厘米，上口装饰三角形银牌，刻盘长图案，下端用彩绦和库锦包 20 厘米宽的装饰边。佛盒为圆形，直径 7 厘米，1 厘米厚，上下扣合，面上錾刻莲花，由四棱银链相连，挂于胸前。耳坠，钩形耳挂，前坠为法轮，15 厘米长的 5 条银索链与之对接。

整套头饰以盘长、法轮、犄纹图案装饰，经典庄重。简约的辫套与古朴的佛盒一同佩戴，有一种古典之美。

佩戴方法：先戴上耳坠和佛盒；从额顶中间将长发一分为二，梳顺，以中缝为限，把每侧的头发从前至后再分成额发、中发、后发 3 绺。再用 3 个假发（20 厘米长，10 厘米宽，扁平状）分别与额发、中发、后发 3 绺头发对接，把中发编成三指许小辫，接上 1 节假发，然后在后发上同样接上 1 节假发，再将接好假发的额发顺着中发、后发向后面覆盖，下端再与中、后两绺头发合而为一，编成 1 根辫子，两边对称地装入辫套内。

新疆蒙古族

ᠰᠢᠨᠵᠢᠶᠠᠩ ᠤ ᠮᠣᠩᠭᠣᠯᠴᠤᠳ

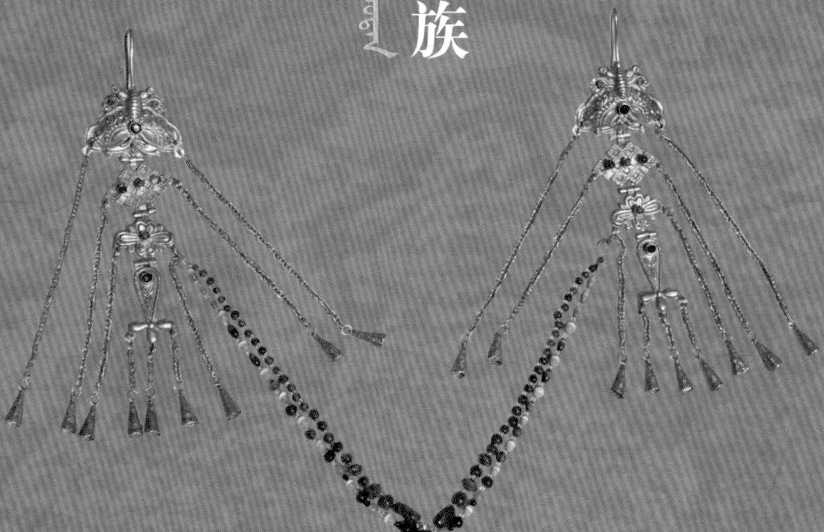

和硕特

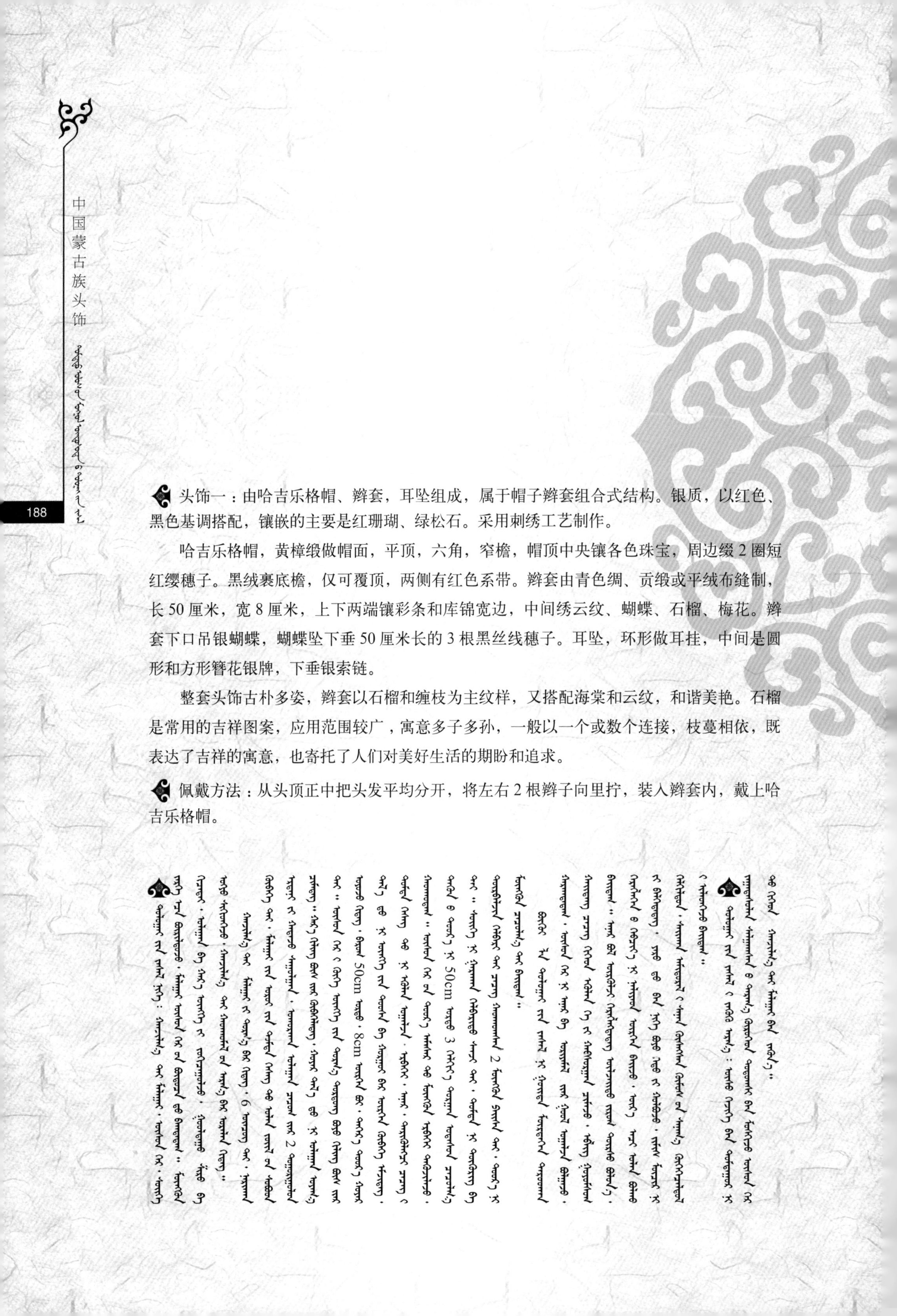

头饰一：由哈吉乐格帽、辫套，耳坠组成，属于帽子辫套组合式结构。银质，以红色、黑色基调搭配，镶嵌的主要是红珊瑚、绿松石。采用刺绣工艺制作。

哈吉乐格帽，黄樟缎做帽面，平顶，六角，窄檐，帽顶中央镶各色珠宝，周边缀 2 圈短红缨穗子。黑绒裹底檐，仅可覆顶，两侧有红色系带。辫套由青色绸、贡缎或平绒布缝制，长 50 厘米，宽 8 厘米，上下两端镶彩条和库锦宽边，中间绣云纹、蝴蝶、石榴、梅花。辫套下口吊银蝴蝶，蝴蝶坠下垂 50 厘米长的 3 根黑丝线穗子。耳坠，环形做耳挂，中间是圆形和方形錾花银牌，下垂银索链。

整套头饰古朴多姿，辫套以石榴和缠枝为主纹样，又搭配海棠和云纹，和谐美艳。石榴是常用的吉祥图案，应用范围较广，寓意多子多孙，一般以一个或数个连接，枝蔓相依，既表达了吉祥的寓意，也寄托了人们对美好生活的期盼和追求。

佩戴方法：从头顶正中把头发平均分开，将左右 2 根辫子向里拧，装入辫套内，戴上哈吉乐格帽。

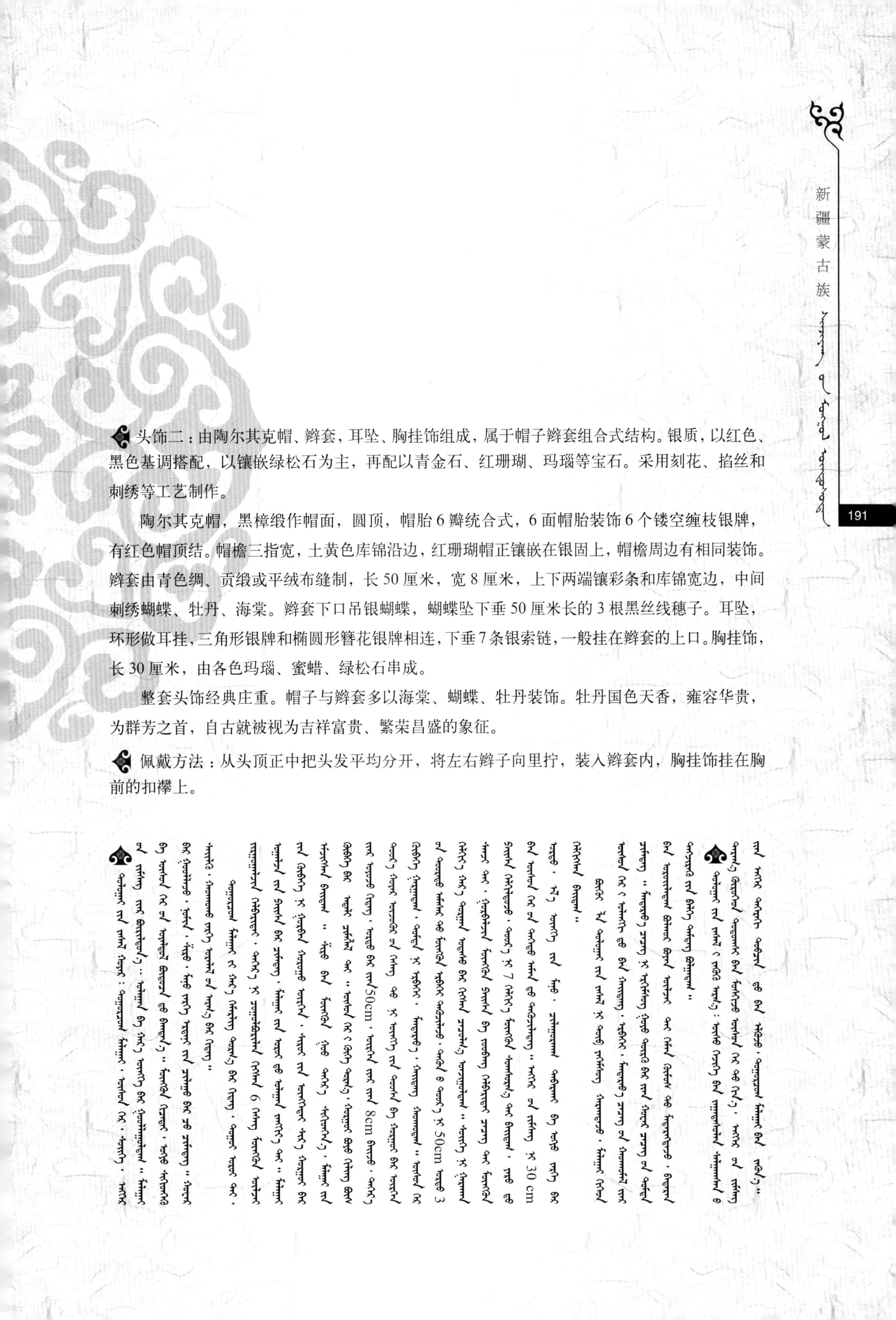

头饰二：由陶尔其克帽、辫套，耳坠、胸挂饰组成，属于帽子辫套组合式结构。银质，以红色、黑色基调搭配，以镶嵌绿松石为主，再配以青金石、红珊瑚、玛瑙等宝石。采用刻花、掐丝和刺绣等工艺制作。

陶尔其克帽，黑樟缎作帽面，圆顶，帽胎 6 瓣统合式，6 面帽胎装饰 6 个镂空缠枝银牌，有红色帽顶结。帽檐三指宽，土黄色库锦沿边，红珊瑚帽正镶嵌在银固上，帽檐周边有相同装饰。辫套由青色绸、贡缎或平绒布缝制，长 50 厘米，宽 8 厘米，上下两端镶彩条和库锦宽边，中间刺绣蝴蝶、牡丹、海棠。辫套下口吊银蝴蝶，蝴蝶坠下垂 50 厘米长的 3 根黑丝线穗子。耳坠，环形做耳挂，三角形银牌和椭圆形簪花银牌相连，下垂 7 条银索链，一般挂在辫套的上口。胸挂饰，长 30 厘米，由各色玛瑙、蜜蜡、绿松石串成。

整套头饰经典庄重。帽子与辫套多以海棠、蝴蝶、牡丹装饰。牡丹国色天香，雍容华贵，为群芳之首，自古就被视为吉祥富贵、繁荣昌盛的象征。

佩戴方法：从头顶正中把头发平均分开，将左右辫子向里拧，装入辫套内，胸挂饰挂在胸前的扣襻上。

[illegible]

土尔扈特

[和布克赛尔蒙古自治县]

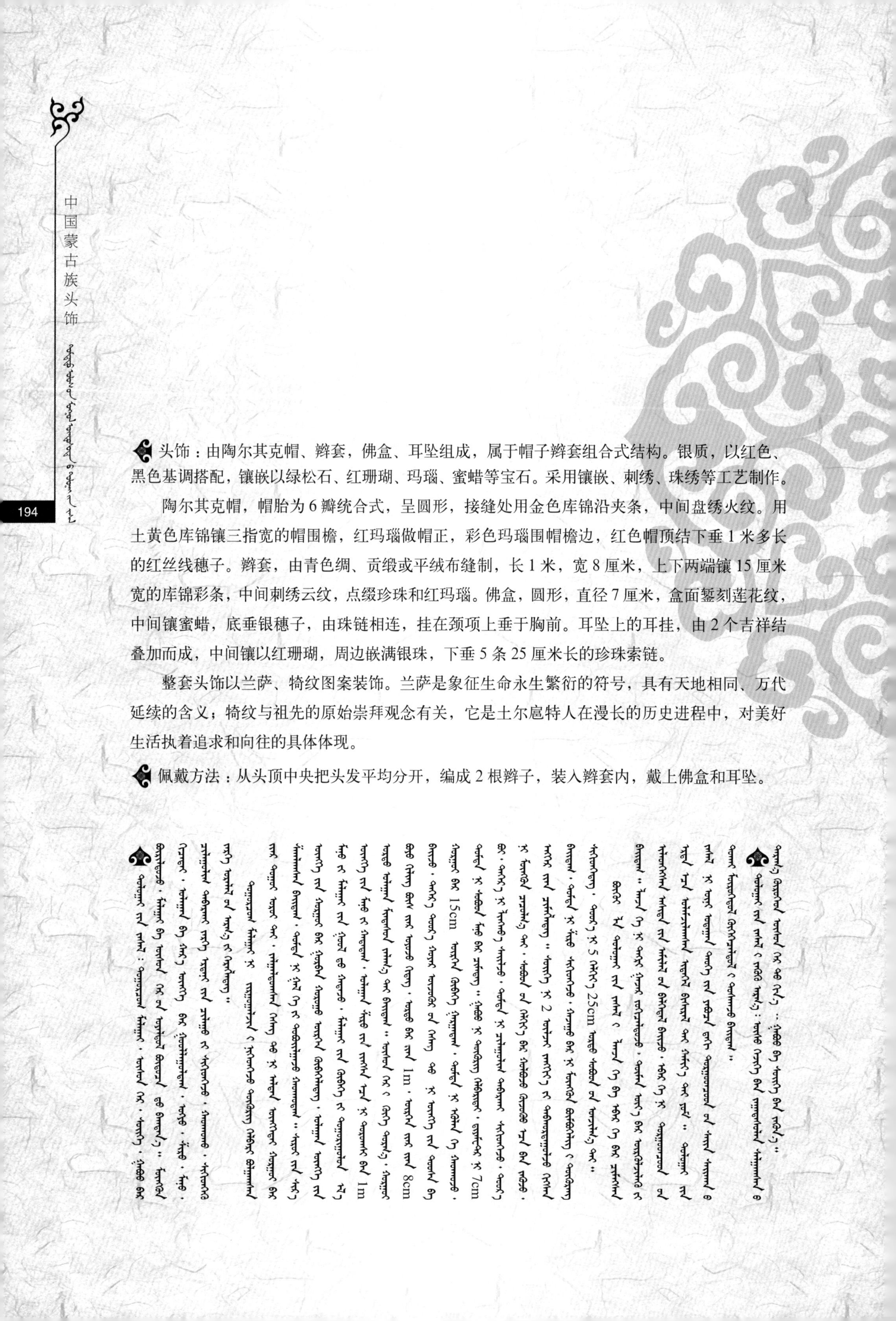

头饰：由陶尔其克帽、辫套，佛盒、耳坠组成，属于帽子辫套组合式结构。银质，以红色、黑色基调搭配，镶嵌以绿松石、红珊瑚、玛瑙、蜜蜡等宝石。采用镶嵌、刺绣、珠绣等工艺制作。

陶尔其克帽，帽胎为6瓣统合式，呈圆形，接缝处用金色库锦沿夹条，中间盘绣火纹。用土黄色库锦镶三指宽的帽围檐，红玛瑙做帽正，彩色玛瑙围帽檐边，红色帽顶结下垂1米多长的红丝线穗子。辫套，由青色绸、贡缎或平绒布缝制，长1米，宽8厘米，上下两端镶15厘米宽的库锦彩条，中间刺绣云纹，点缀珍珠和红玛瑙。佛盒，圆形，直径7厘米，盒面錾刻莲花纹，中间镶蜜蜡，底垂银穗子，由珠链相连，挂在颈项上垂于胸前。耳坠上的耳挂，由2个吉祥结叠加而成，中间镶以红珊瑚，周边嵌满银珠，下垂5条25厘米长的珍珠索链。

整套头饰以兰萨、犄纹图案装饰。兰萨是象征生命永生繁衍的符号，具有天地相同、万代延续的含义；犄纹与祖先的原始崇拜观念有关，它是土尔扈特人在漫长的历史进程中，对美好生活执着追求和向往的具体体现。

佩戴方法：从头顶中央把头发平均分开，编成2根辫子，装入辫套内，戴上佛盒和耳坠。

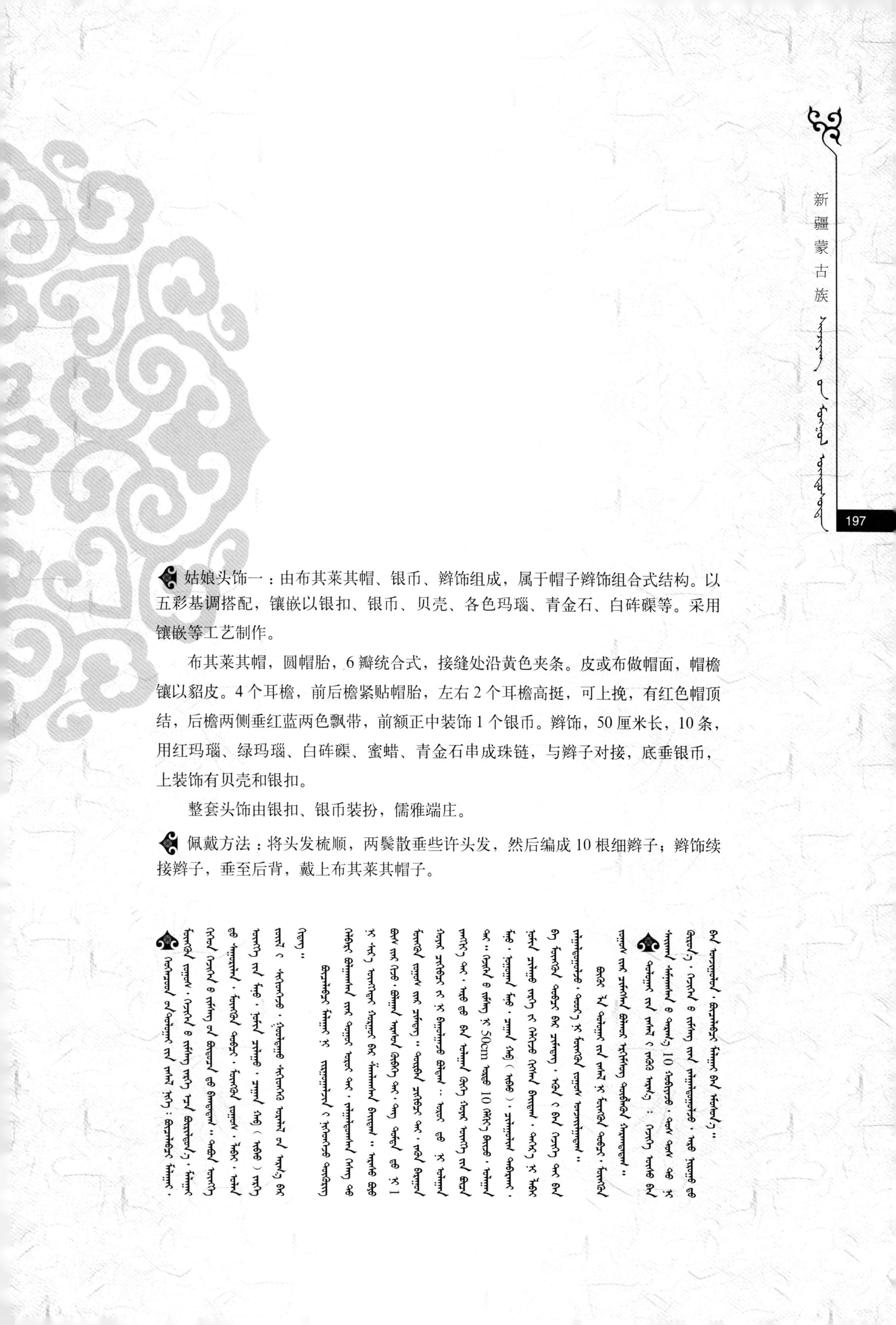

姑娘头饰一：由布其莱其帽、银币、辫饰组成，属于帽子辫饰组合式结构。以五彩基调搭配，镶嵌以银扣、银币、贝壳、各色玛瑙、青金石、白砗磲等。采用镶嵌等工艺制作。

布其莱其帽，圆帽胎，6瓣统合式，接缝处沿黄色夹条。皮或布做帽面，帽檐镶以貂皮。4个耳檐，前后檐紧贴帽胎，左右2个耳檐高挺，可上挽，有红色帽顶结，后檐两侧垂红蓝两色飘带，前额正中装饰1个银币。辫饰，50厘米长，10条，用红玛瑙、绿玛瑙、白砗磲、蜜蜡、青金石串成珠链，与辫子对接，底垂银币，上装饰有贝壳和银扣。

整套头饰由银扣、银币装扮，儒雅端庄。

佩戴方法：将头发梳顺，两鬓散垂些许头发，然后编成10根细辫子；辫饰续接辫子，垂至后背，戴上布其莱其帽子。

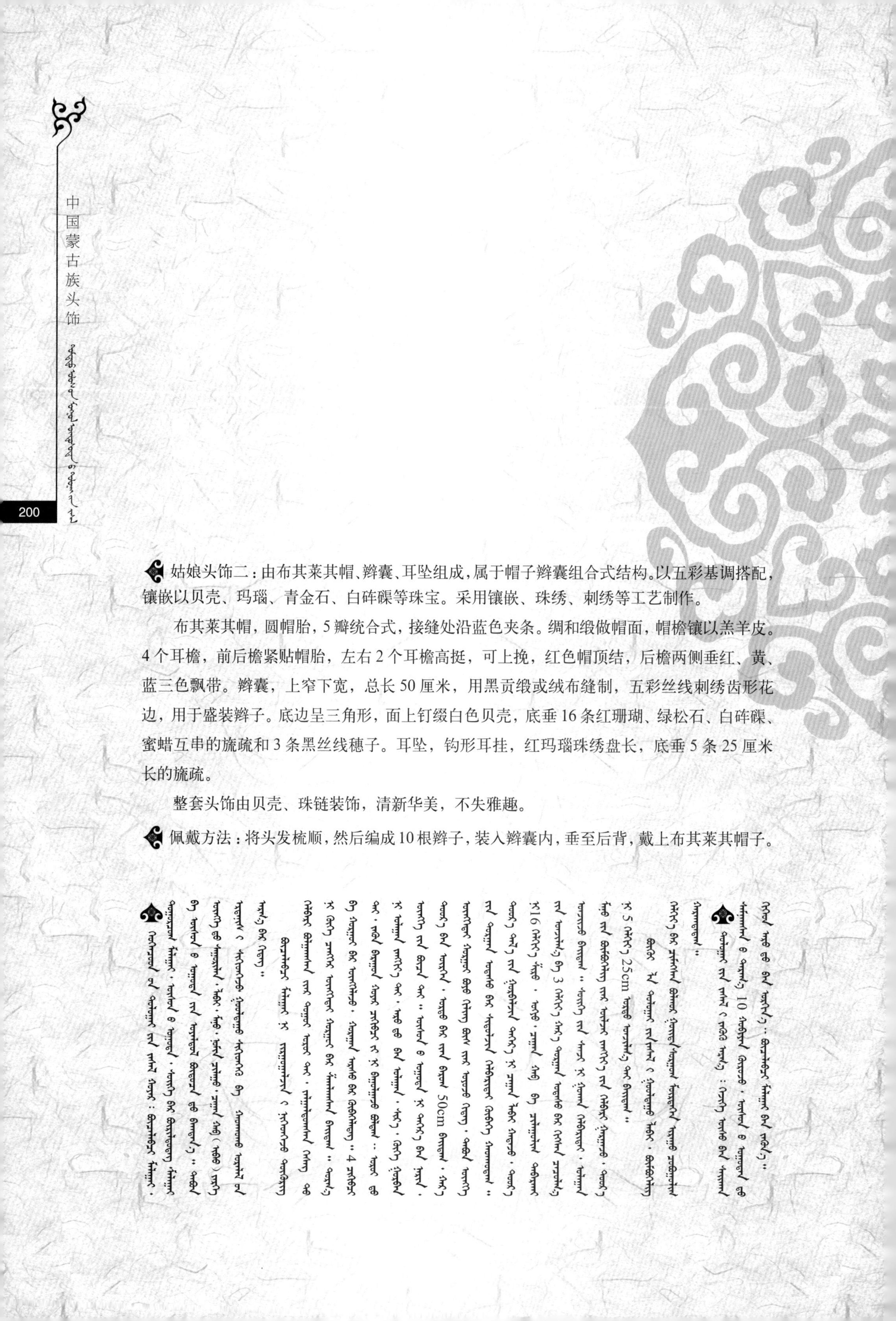

姑娘头饰二：由布其莱其帽、辫囊、耳坠组成，属于帽子辫囊组合式结构。以五彩基调搭配，镶嵌以贝壳、玛瑙、青金石、白砗磲等珠宝。采用镶嵌、珠绣、刺绣等工艺制作。

布其莱其帽，圆帽胎，5 瓣统合式，接缝处沿蓝色夹条。绸和缎做帽面，帽檐镶以羔羊皮。4 个耳檐，前后檐紧贴帽胎，左右 2 个耳檐高挺，可上挽，红色帽顶结，后檐两侧垂红、黄、蓝三色飘带。辫囊，上窄下宽，总长 50 厘米，用黑贡缎或绒布缝制，五彩丝线刺绣齿形花边，用于盛装辫子。底边呈三角形，面上钉缀白色贝壳，底垂 16 条红珊瑚、绿松石、白砗磲、蜜蜡互串的旒疏和 3 条黑丝线穗子。耳坠，钩形耳挂，红玛瑙珠绣盘长，底垂 5 条 25 厘米长的旒疏。

整套头饰由贝壳、珠链装饰，清新华美，不失雅趣。

佩戴方法：将头发梳顺，然后编成 10 根辫子，装入辫囊内，垂至后背，戴上布其莱其帽子。

土尔扈特

[和静县]

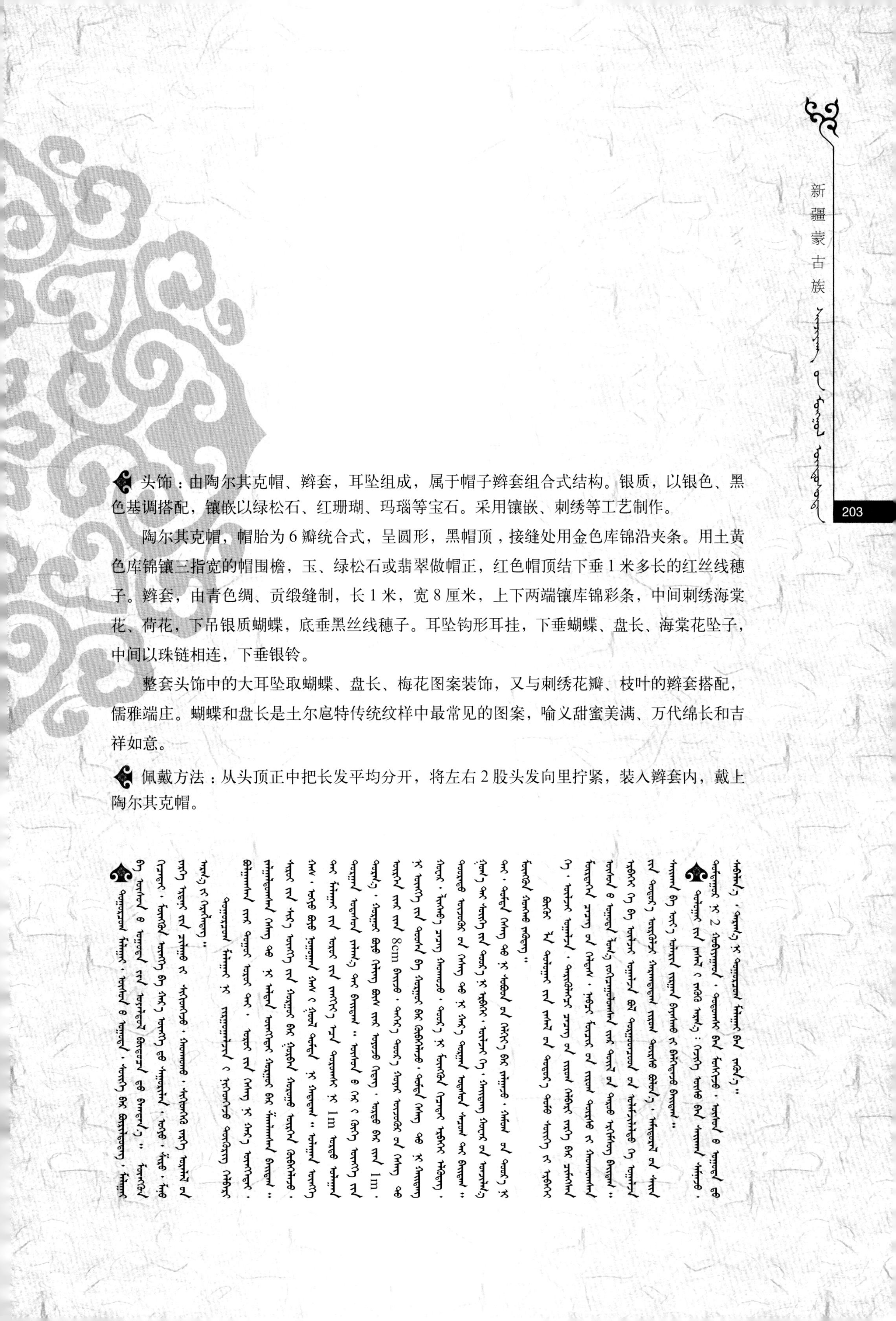

头饰：由陶尔其克帽、辫套，耳坠组成，属于帽子辫套组合式结构。银质，以银色、黑色基调搭配，镶嵌以绿松石、红珊瑚、玛瑙等宝石。采用镶嵌、刺绣等工艺制作。

陶尔其克帽，帽胎为6瓣统合式，呈圆形，黑帽顶，接缝处用金色库锦沿夹条。用土黄色库锦镶三指宽的帽围檐，玉、绿松石或翡翠做帽正，红色帽顶结下垂1米多长的红丝线穗子。辫套，由青色绸、贡缎缝制，长1米，宽8厘米，上下两端镶库锦彩条，中间刺绣海棠花、荷花，下吊银质蝴蝶，底垂黑丝线穗子。耳坠钩形耳挂，下垂蝴蝶、盘长、海棠花坠子，中间以珠链相连，下垂银铃。

整套头饰中的大耳坠取蝴蝶、盘长、梅花图案装饰，又与刺绣花瓣、枝叶的辫套搭配，儒雅端庄。蝴蝶和盘长是土尔扈特传统纹样中最常见的图案，喻义甜蜜美满、万代绵长和吉祥如意。

佩戴方法：从头顶正中把长发平均分开，将左右2股头发向里拧紧，装入辫套内，戴上陶尔其克帽。

察哈尔

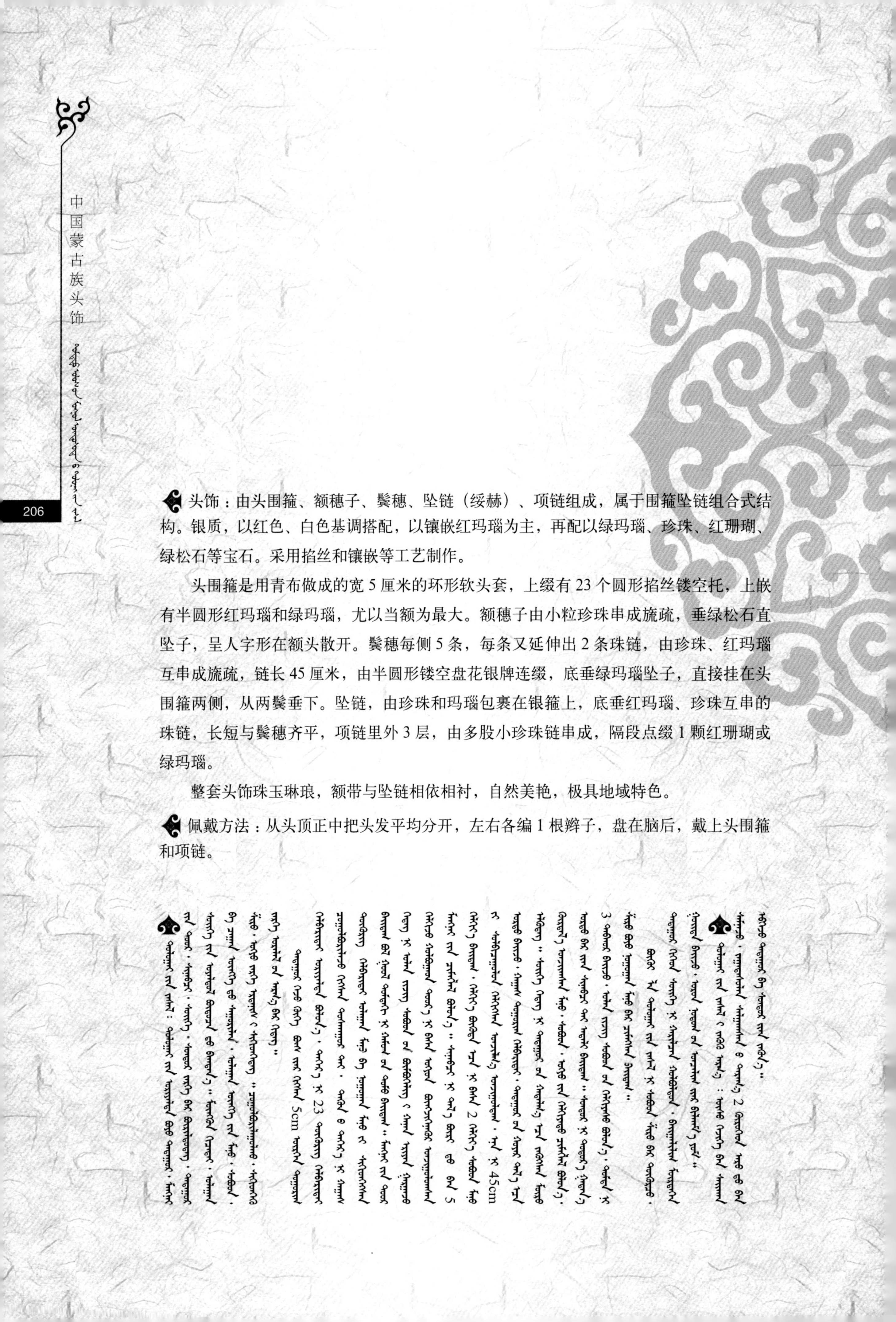

头饰：由头围箍、额穗子、鬓穗、坠链（绥赫）、项链组成，属于围箍坠链组合式结构。银质，以红色、白色基调搭配，以镶嵌红玛瑙为主，再配以绿玛瑙、珍珠、红珊瑚、绿松石等宝石。采用掐丝和镶嵌等工艺制作。

头围箍是用青布做成的宽 5 厘米的环形软头套，上缀有 23 个圆形掐丝镂空托，上嵌有半圆形红玛瑙和绿玛瑙，尤以当额为最大。额穗子由小粒珍珠串成旒疏，垂绿松石直坠子，呈人字形在额头散开。鬓穗每侧 5 条，每条又延伸出 2 条珠链，由珍珠、红玛瑙互串成旒疏，链长 45 厘米，由半圆形镂空盘花银牌连缀，底垂绿玛瑙坠子，直接挂在头围箍两侧，从两鬓垂下。坠链，由珍珠和玛瑙包裹在银箍上，底垂红玛瑙、珍珠互串的珠链，长短与鬓穗齐平，项链里外 3 层，由多股小珍珠链串成，隔段点缀 1 颗红珊瑚或绿玛瑙。

整套头饰珠玉琳琅，额带与坠链相依相衬，自然美艳，极具地域特色。

佩戴方法：从头顶正中把头发平均分开，左右各编 1 根辫子，盘在脑后，戴上头围箍和项链。

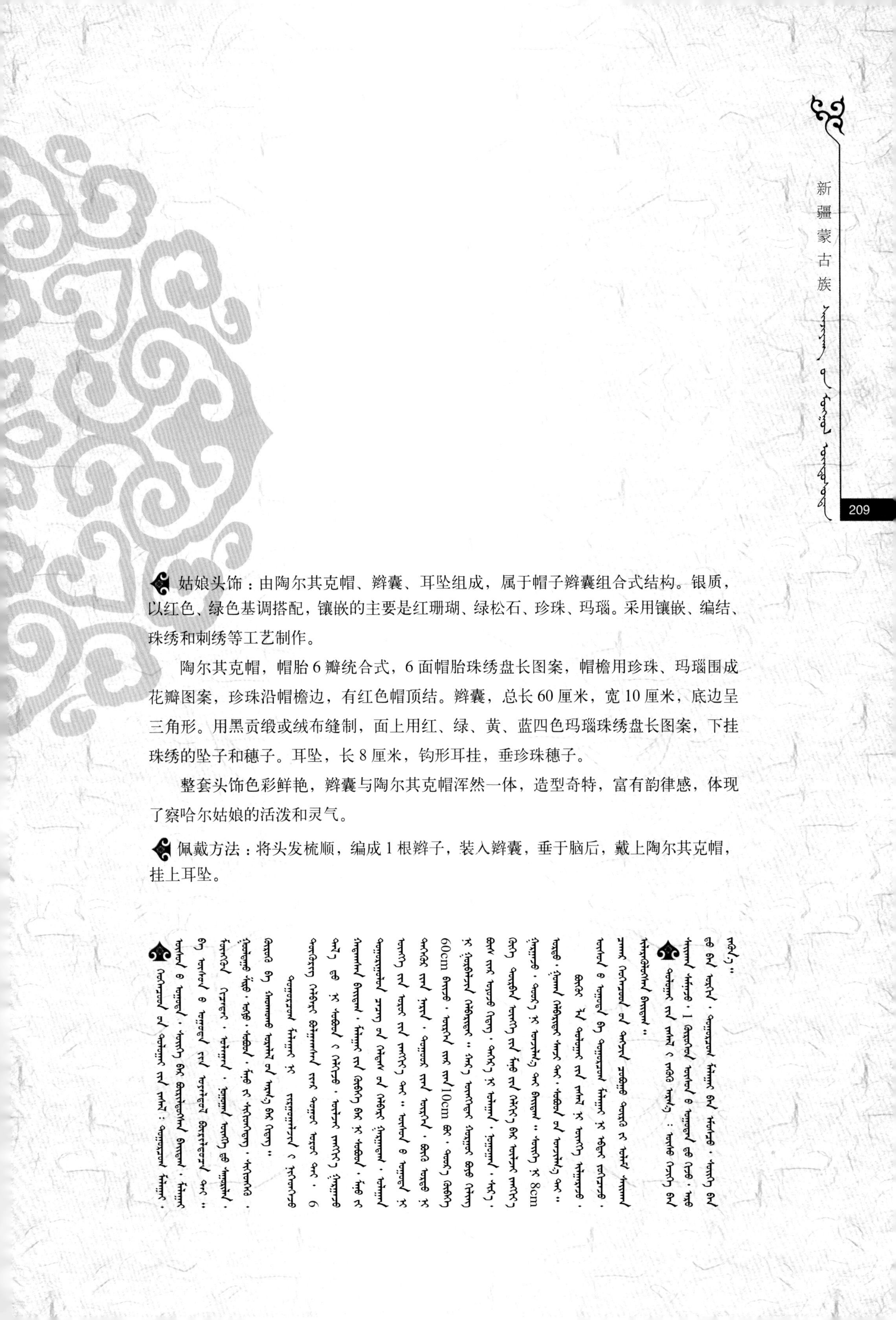

姑娘头饰：由陶尔其克帽、辫囊、耳坠组成，属于帽子辫囊组合式结构。银质，以红色、绿色基调搭配，镶嵌的主要是红珊瑚、绿松石、珍珠、玛瑙。采用镶嵌、编结、珠绣和刺绣等工艺制作。

陶尔其克帽，帽胎 6 瓣统合式，6 面帽胎珠绣盘长图案，帽檐用珍珠、玛瑙围成花瓣图案，珍珠沿帽檐边，有红色帽顶结。辫囊，总长 60 厘米，宽 10 厘米，底边呈三角形。用黑贡缎或绒布缝制，面上用红、绿、黄、蓝四色玛瑙珠绣盘长图案，下挂珠绣的坠子和穗子。耳坠，长 8 厘米，钩形耳挂，垂珍珠穗子。

整套头饰色彩鲜艳，辫囊与陶尔其克帽浑然一体，造型奇特，富有韵律感，体现了察哈尔姑娘的活泼和灵气。

佩戴方法：将头发梳顺，编成 1 根辫子，装入辫囊，垂于脑后，戴上陶尔其克帽，挂上耳坠。

图瓦

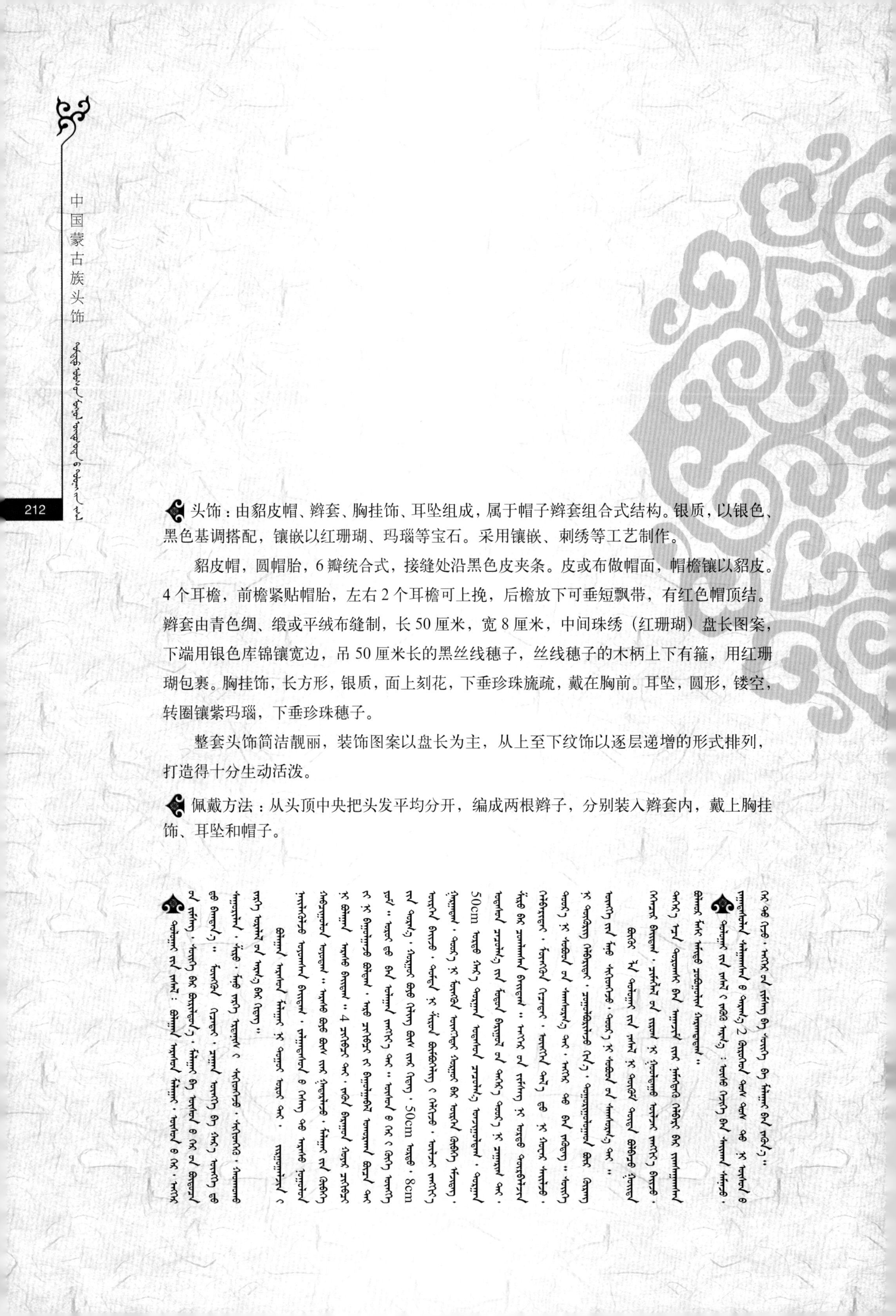

头饰：由貂皮帽、辫套、胸挂饰、耳坠组成，属于帽子辫套组合式结构。银质，以银色、黑色基调搭配，镶嵌以红珊瑚、玛瑙等宝石。采用镶嵌、刺绣等工艺制作。

貂皮帽，圆帽胎，6 瓣统合式，接缝处沿黑色皮夹条。皮或布做帽面，帽檐镶以貂皮。4 个耳檐，前檐紧贴帽胎，左右 2 个耳檐可上挽，后檐放下可垂短飘带，有红色帽顶结。辫套由青色绸、缎或平绒布缝制，长 50 厘米，宽 8 厘米，中间珠绣（红珊瑚）盘长图案，下端用银色库锦镶宽边，吊 50 厘米长的黑丝线穗子，丝线穗子的木柄上下有箍，用红珊瑚包裹。胸挂饰，长方形，银质，面上刻花，下垂珍珠旒疏，戴在胸前。耳坠，圆形，镂空，转圈镶紫玛瑙，下垂珍珠穗子。

整套头饰简洁靓丽，装饰图案以盘长为主，从上至下纹饰以逐层递增的形式排列，打造得十分生动活泼。

佩戴方法：从头顶中央把头发平均分开，编成两根辫子，分别装入辫套内，戴上胸挂饰、耳坠和帽子。

额鲁特

[额敏县]

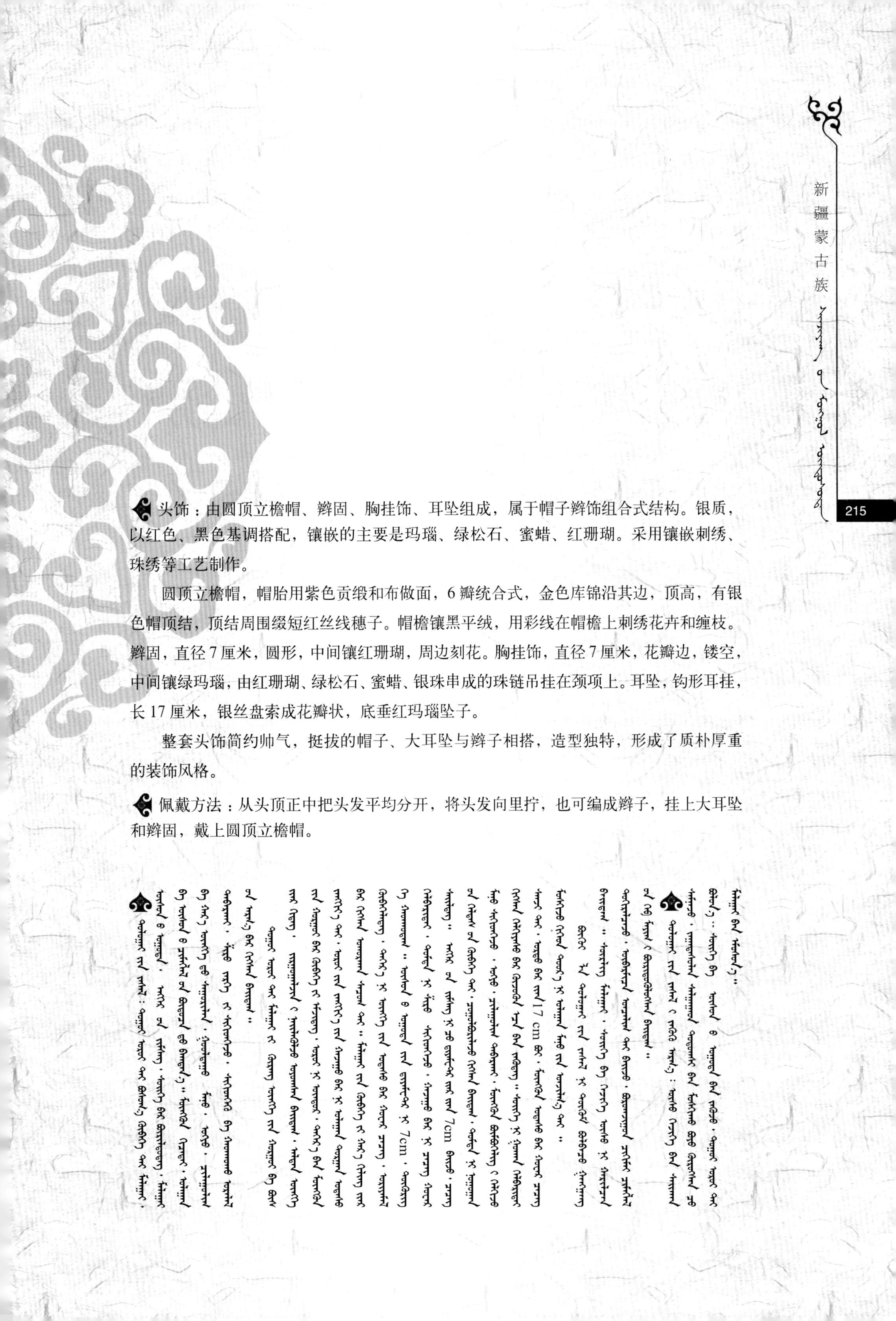

头饰：由圆顶立檐帽、辫固、胸挂饰、耳坠组成，属于帽子辫饰组合式结构。银质，以红色、黑色基调搭配，镶嵌的主要是玛瑙、绿松石、蜜蜡、红珊瑚。采用镶嵌刺绣、珠绣等工艺制作。

圆顶立檐帽，帽胎用紫色贡缎和布做面，6 瓣统合式，金色库锦沿其边，顶高，有银色帽顶结，顶结周围缀短红丝线穗子。帽檐镶黑平绒，用彩线在帽檐上刺绣花卉和缠枝。辫固，直径 7 厘米，圆形，中间镶红珊瑚，周边刻花。胸挂饰，直径 7 厘米，花瓣边，镂空，中间镶绿玛瑙，由红珊瑚、绿松石、蜜蜡、银珠串成的珠链吊挂在颈项上。耳坠，钩形耳挂，长 17 厘米，银丝盘索成花瓣状，底垂红玛瑙坠子。

整套头饰简约帅气，挺拔的帽子、大耳坠与辫子相搭，造型独特，形成了质朴厚重的装饰风格。

佩戴方法：从头顶正中把头发平均分开，将头发向里拧，也可编成辫子，挂上大耳坠和辫固，戴上圆顶立檐帽。

额鲁特

[昭苏县]

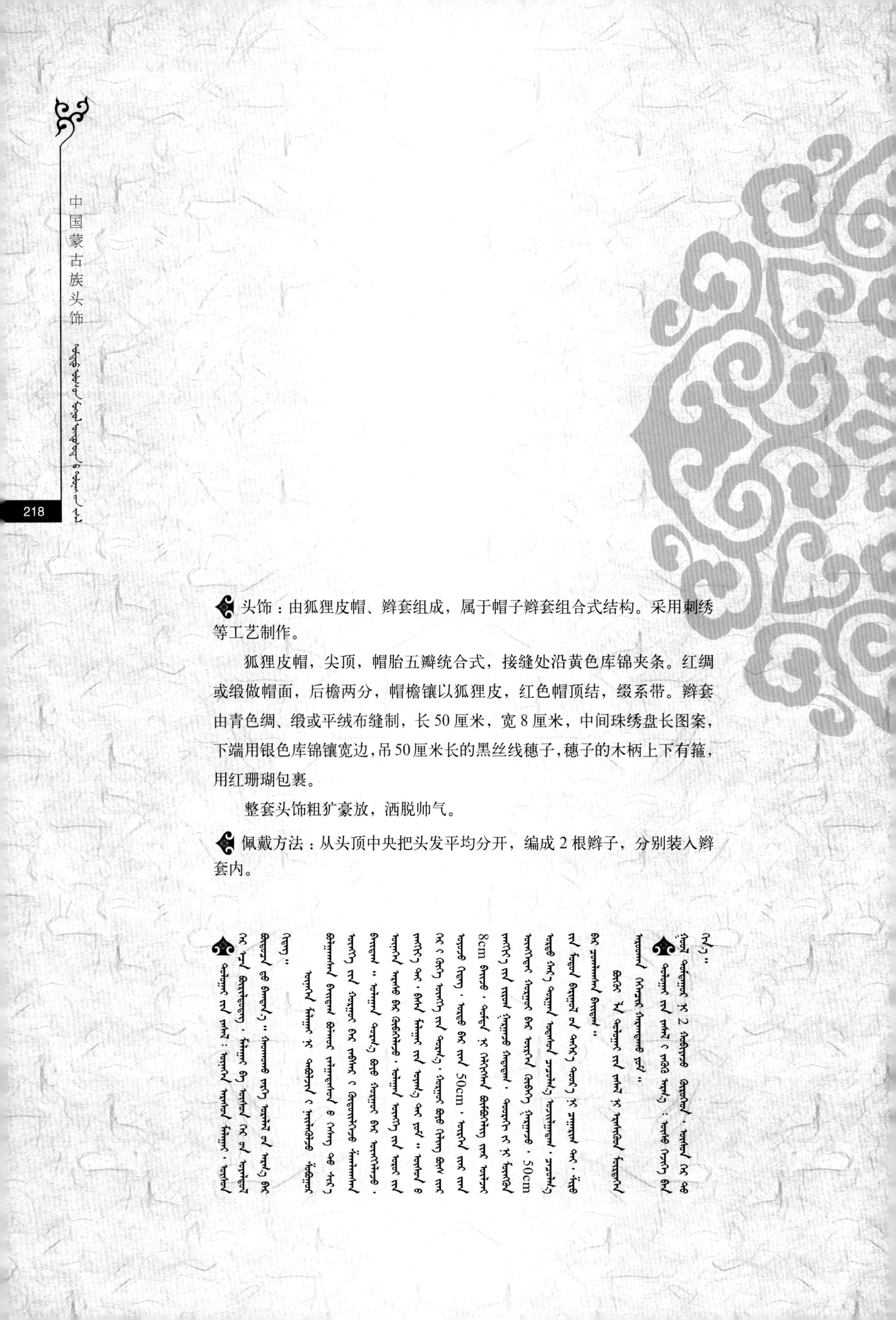

头饰：由狐狸皮帽、辫套组成，属于帽子辫套组合式结构。采用刺绣等工艺制作。

狐狸皮帽，尖顶，帽胎五瓣统合式，接缝处沿黄色库锦夹条。红绸或缎做帽面，后檐两分，帽檐镶以狐狸皮，红色帽顶结，缀系带。辫套由青色绸、缎或平绒布缝制，长 50 厘米，宽 8 厘米，中间珠绣盘长图案，下端用银色库锦镶宽边，吊 50 厘米长的黑丝线穗子，穗子的木柄上下有箍，用红珊瑚包裹。

整套头饰粗犷豪放，洒脱帅气。

佩戴方法：从头顶中央把头发平均分开，编成 2 根辫子，分别装入辫套内。

青海蒙古族

ᠬᠥᠬᠡᠨᠠᠭᠤᠷ ᠤᠨ ᠮᠣᠩᠭᠣᠯ ᠦᠨᠳᠦᠰᠦᠲᠡᠨ

德令哈市

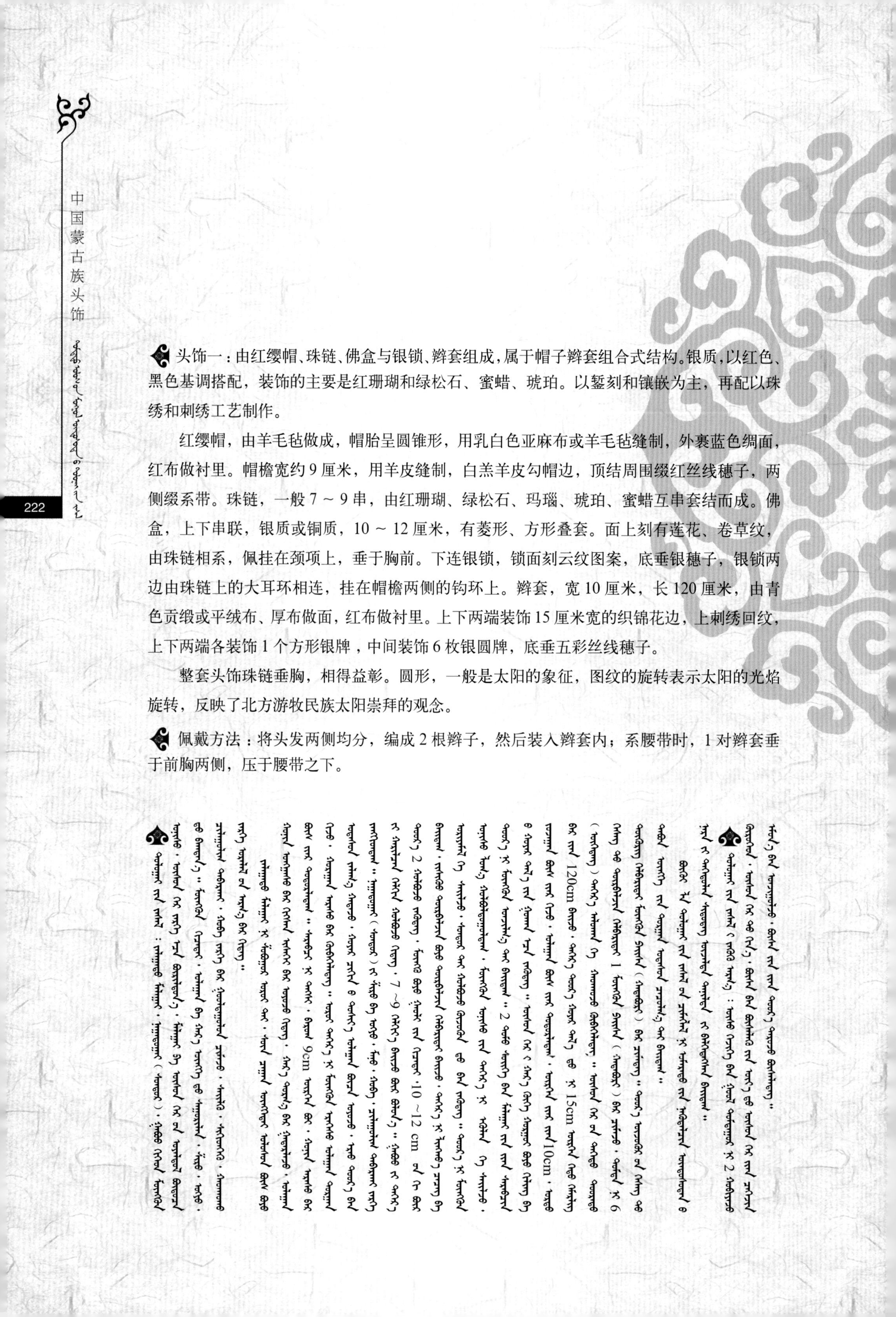

头饰一：由红缨帽、珠链、佛盒与银锁、辫套组成，属于帽子辫套组合式结构。银质，以红色、黑色基调搭配，装饰的主要是红珊瑚和绿松石、蜜蜡、琥珀。以錾刻和镶嵌为主，再配以珠绣和刺绣工艺制作。

红缨帽，由羊毛毡做成，帽胎呈圆锥形，用乳白色亚麻布或羊毛毡缝制，外裹蓝色绸面，红布做衬里。帽檐宽约 9 厘米，用羊皮缝制，白羔羊皮勾帽边，顶结周围缀红丝线穗子，两侧缀系带。珠链，一般 7 ~ 9 串，由红珊瑚、绿松石、玛瑙、琥珀、蜜蜡互串套结而成。佛盒，上下串联，银质或铜质，10 ~ 12 厘米，有菱形、方形叠套。面上刻有莲花、卷草纹，由珠链相系，佩挂在颈项上，垂于胸前。下连银锁，锁面刻云纹图案，底垂银穗子，银锁两边由珠链上的大耳环相连，挂在帽檐两侧的钩环上。辫套，宽 10 厘米，长 120 厘米，由青色贡缎或平绒布、厚布做面，红布做衬里。上下两端装饰 15 厘米宽的织锦花边，上刺绣回纹，上下两端各装饰 1 个方形银牌，中间装饰 6 枚银圆牌，底垂五彩丝线穗子。

整套头饰珠链垂胸，相得益彰。圆形，一般是太阳的象征，图纹的旋转表示太阳的光焰旋转，反映了北方游牧民族太阳崇拜的观念。

佩戴方法：将头发两侧均分，编成 2 根辫子，然后装入辫套内；系腰带时，1 对辫套垂于前胸两侧，压于腰带之下。

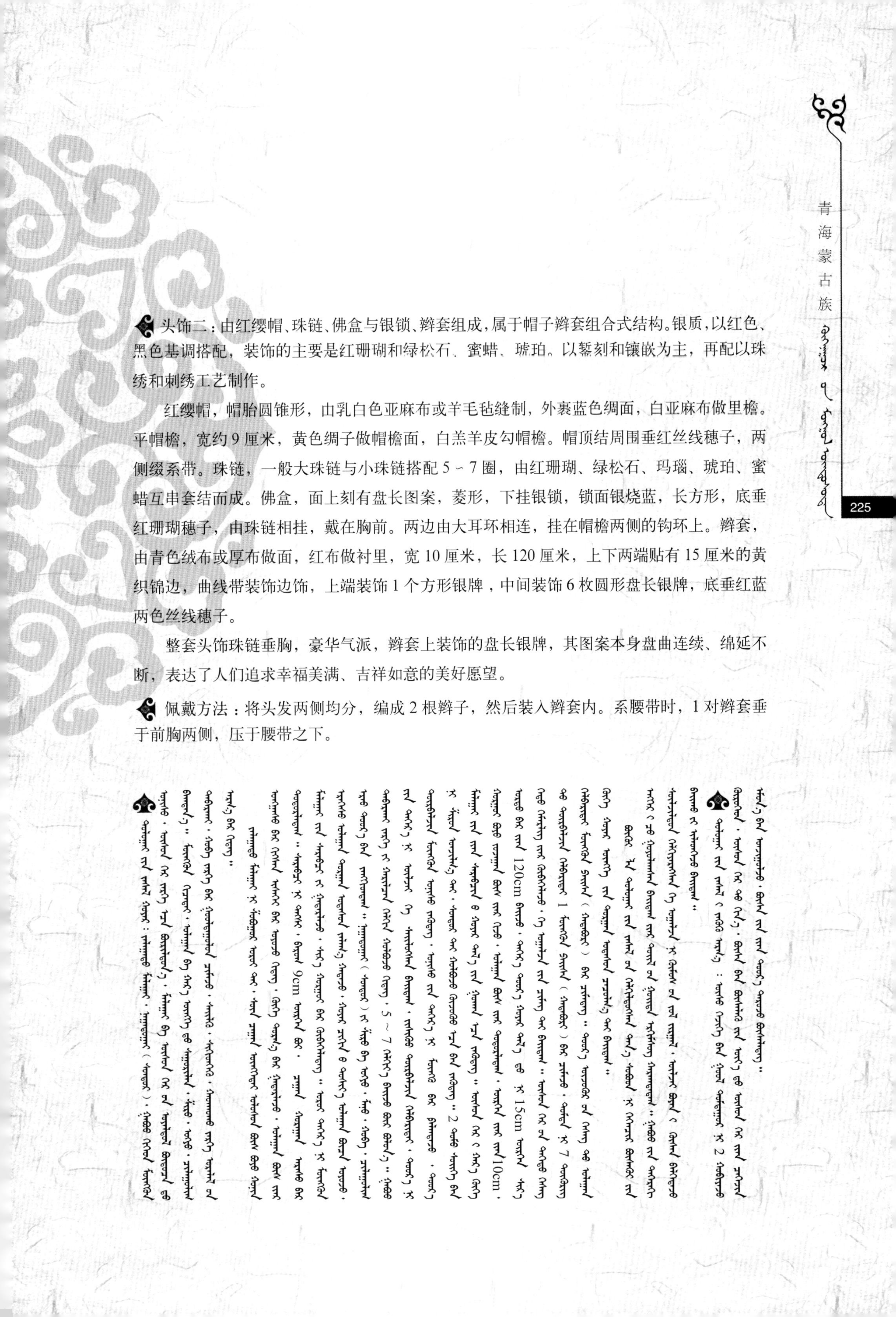

头饰二：由红缨帽、珠链、佛盒与银锁、辫套组成，属于帽子辫套组合式结构。银质，以红色、黑色基调搭配，装饰的主要是红珊瑚和绿松石、蜜蜡、琥珀。以錾刻和镶嵌为主，再配以珠绣和刺绣工艺制作。

红缨帽，帽胎圆锥形，由乳白色亚麻布或羊毛毡缝制，外裹蓝色绸面，白亚麻布做里檐。平帽檐，宽约 9 厘米，黄色绸子做帽檐面，白羔羊皮勾帽檐。帽顶结周围垂红丝线穗子，两侧缀系带。珠链，一般大珠链与小珠链搭配 5 ~ 7 圈，由红珊瑚、绿松石、玛瑙、琥珀、蜜蜡互串套结而成。佛盒，面上刻有盘长图案，菱形，下挂银锁，锁面银烧蓝，长方形，底垂红珊瑚穗子，由珠链相挂，戴在胸前。两边由大耳环相连，挂在帽檐两侧的钩环上。辫套，由青色绒布或厚布做面，红布做衬里，宽 10 厘米，长 120 厘米，上下两端贴有 15 厘米的黄织锦边，曲线带装饰边饰，上端装饰 1 个方形银牌，中间装饰 6 枚圆形盘长银牌，底垂红蓝两色丝线穗子。

整套头饰珠链垂胸，豪华气派，辫套上装饰的盘长银牌，其图案本身盘曲连续、绵延不断，表达了人们追求幸福美满、吉祥如意的美好愿望。

佩戴方法：将头发两侧均分，编成 2 根辫子，然后装入辫套内。系腰带时，1 对辫套垂于前胸两侧，压于腰带之下。

格尔木市

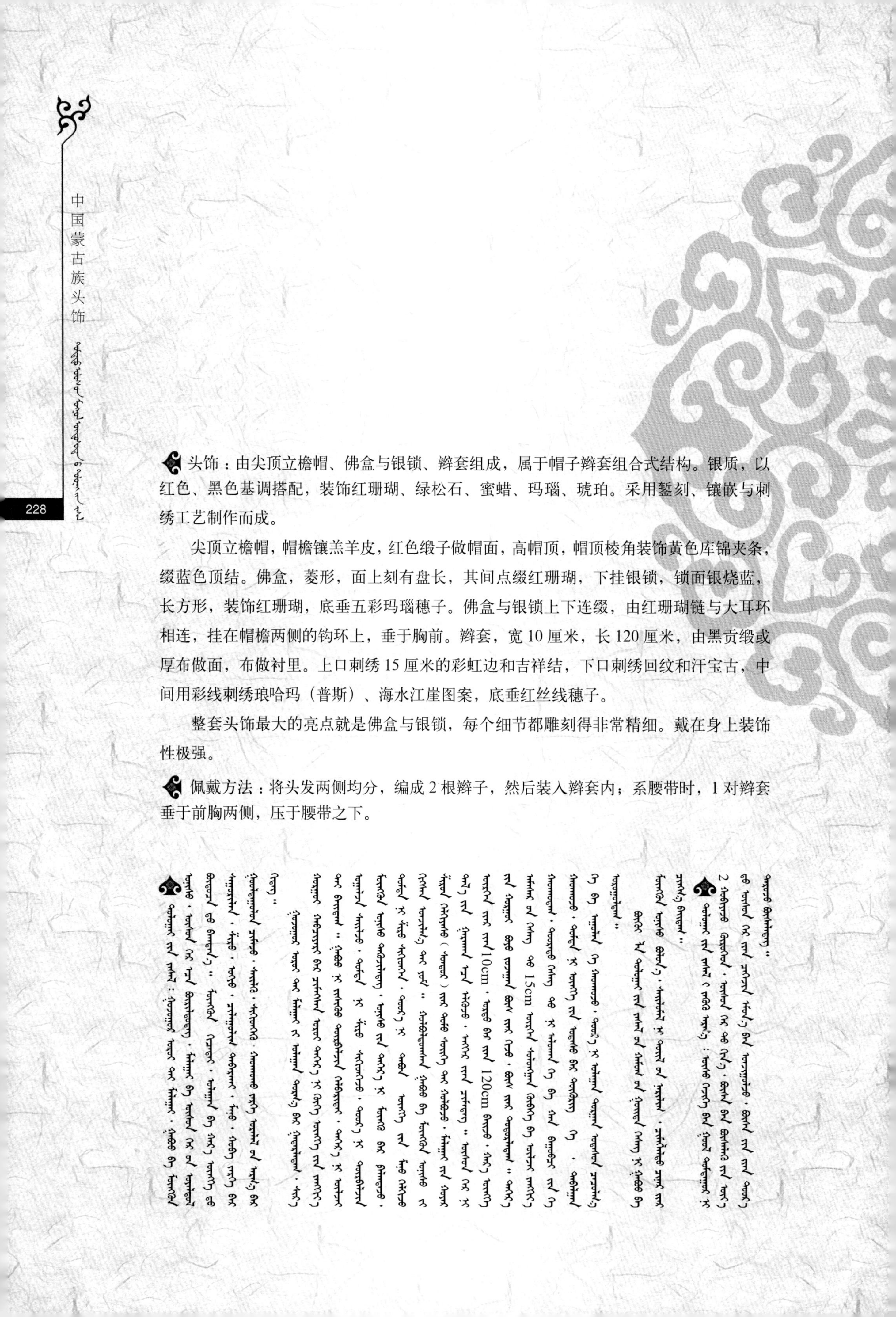

头饰：由尖顶立檐帽、佛盒与银锁、辫套组成，属于帽子辫套组合式结构。银质，以红色、黑色基调搭配，装饰红珊瑚、绿松石、蜜蜡、玛瑙、琥珀。采用錾刻、镶嵌与刺绣工艺制作而成。

尖顶立檐帽，帽檐镶羔羊皮，红色缎子做帽面，高帽顶，帽顶棱角装饰黄色库锦夹条，缀蓝色顶结。佛盒，菱形，面上刻有盘长，其间点缀红珊瑚，下挂银锁，锁面银烧蓝，长方形，装饰红珊瑚，底垂五彩玛瑙穗子。佛盒与银锁上下连缀，由红珊瑚链与大耳环相连，挂在帽檐两侧的钩环上，垂于胸前。辫套，宽 10 厘米，长 120 厘米，由黑贡缎或厚布做面，布做衬里。上口刺绣 15 厘米的彩虹边和吉祥结，下口刺绣回纹和汗宝古，中间用彩线刺绣琅哈玛（普斯）、海水江崖图案，底垂红丝线穗子。

整套头饰最大的亮点就是佛盒与银锁，每个细节都雕刻得非常精细。戴在身上装饰性极强。

佩戴方法：将头发两侧均分，编成 2 根辫子，然后装入辫套内；系腰带时，1 对辫套垂于前胸两侧，压于腰带之下。

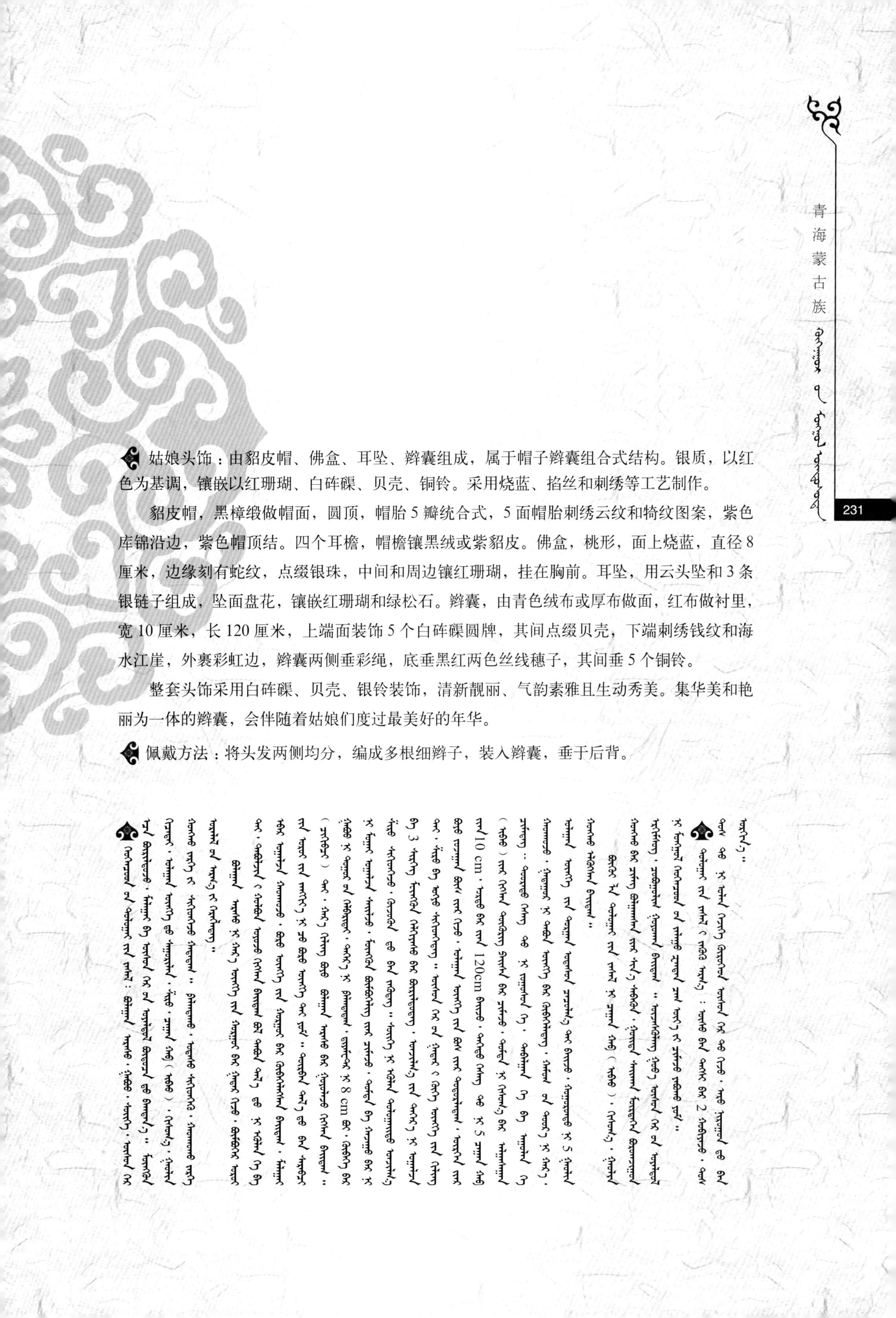

姑娘头饰：由貂皮帽、佛盒、耳坠、辫囊组成，属于帽子辫囊组合式结构。银质，以红色为基调，镶嵌以红珊瑚、白砗磲、贝壳、铜铃。采用烧蓝、掐丝和刺绣等工艺制作。

貂皮帽，黑樟缎做帽面，圆顶，帽胎 5 瓣统合式，5 面帽胎刺绣云纹和犄纹图案，紫色库锦沿边，紫色帽顶结。四个耳檐，帽檐镶黑绒或紫貂皮。佛盒，桃形，面上烧蓝，直径 8 厘米，边缘刻有蛇纹，点缀银珠，中间和周边镶红珊瑚，挂在胸前。耳坠，用云头坠和 3 条银链子组成，坠面盘花，镶嵌红珊瑚和绿松石。辫囊，由青色绒布或厚布做面，红布做衬里，宽 10 厘米，长 120 厘米，上端面装饰 5 个白砗磲圆牌，其间点缀贝壳，下端刺绣钱纹和海水江崖，外裹彩虹边，辫囊两侧垂彩绳，底垂黑红两色丝线穗子，其间垂 5 个铜铃。

整套头饰采用白砗磲、贝壳、银铃装饰，清新靓丽、气韵素雅且生动秀美。集华美和艳丽为一体的辫囊，会伴随着姑娘们度过最美好的年华。

佩戴方法：将头发两侧均分，编成多根细辫子，装入辫囊，垂于后背。

乌兰县

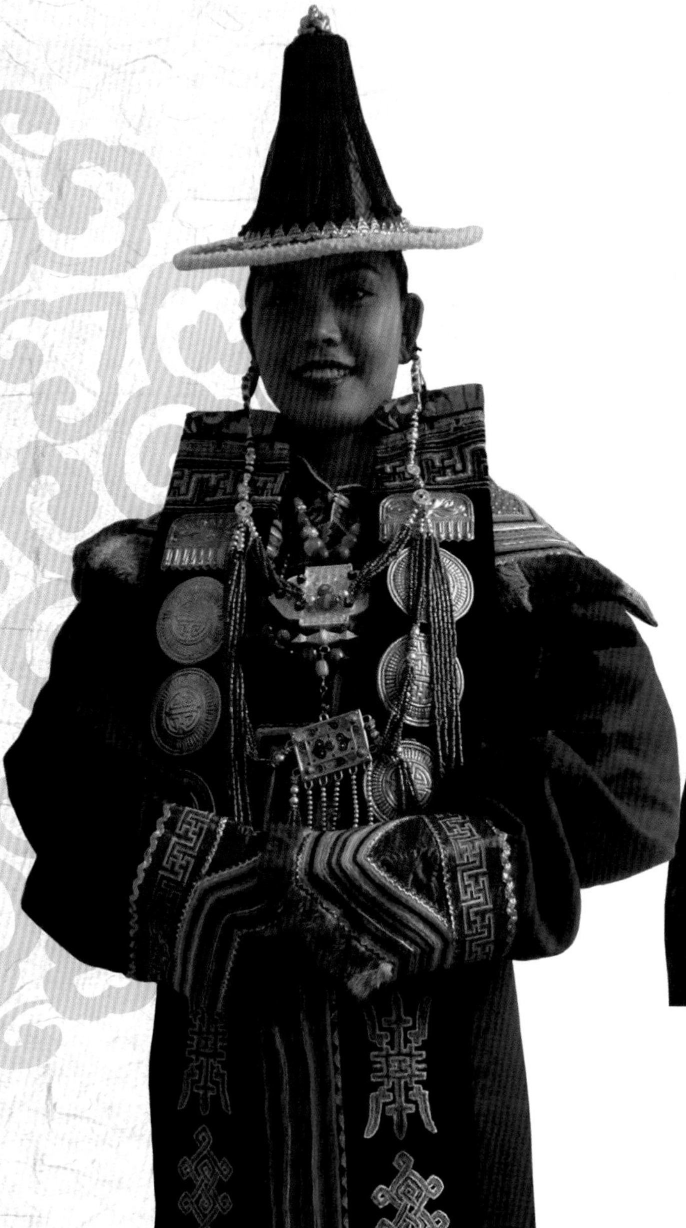

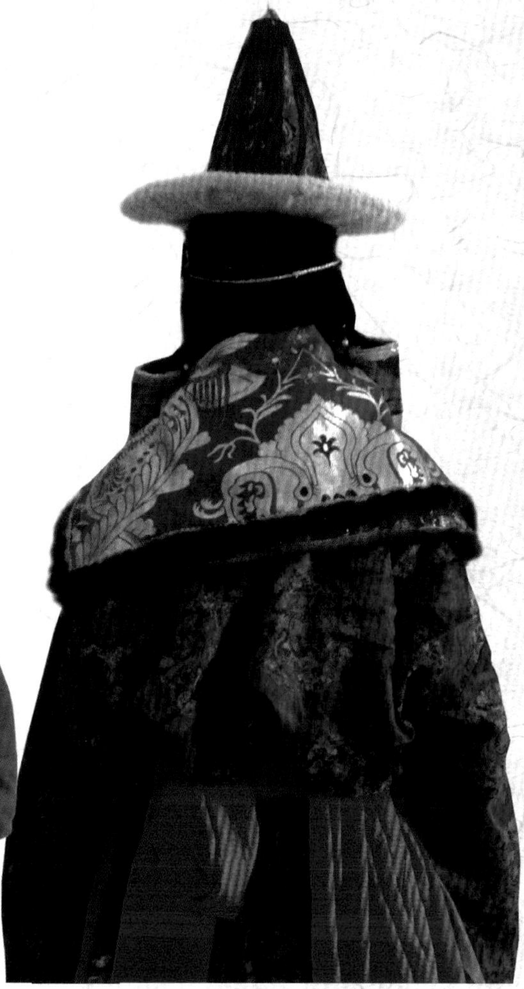

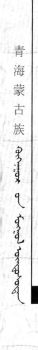

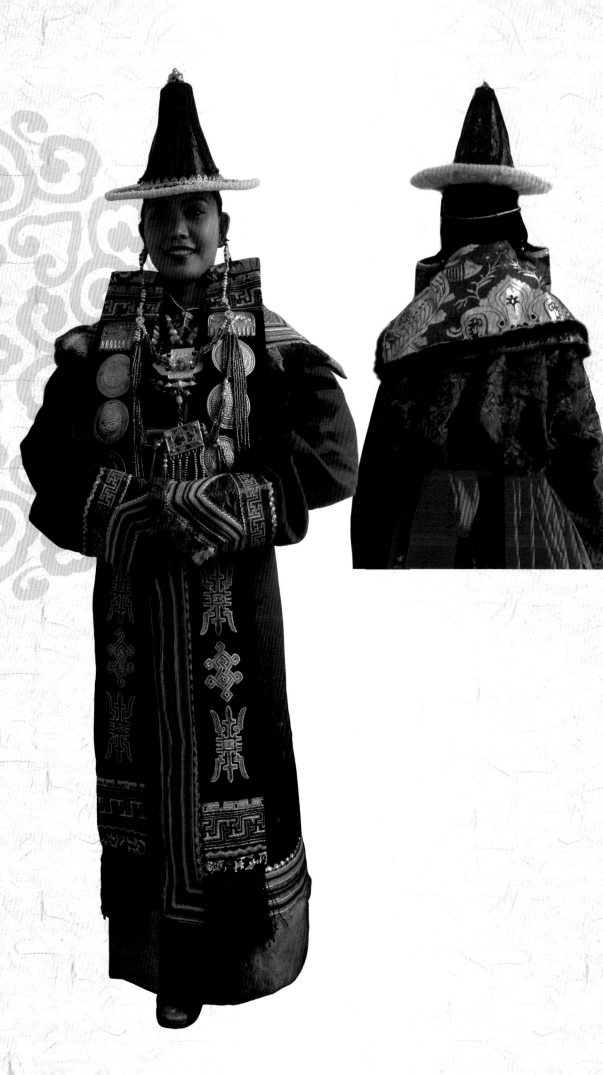

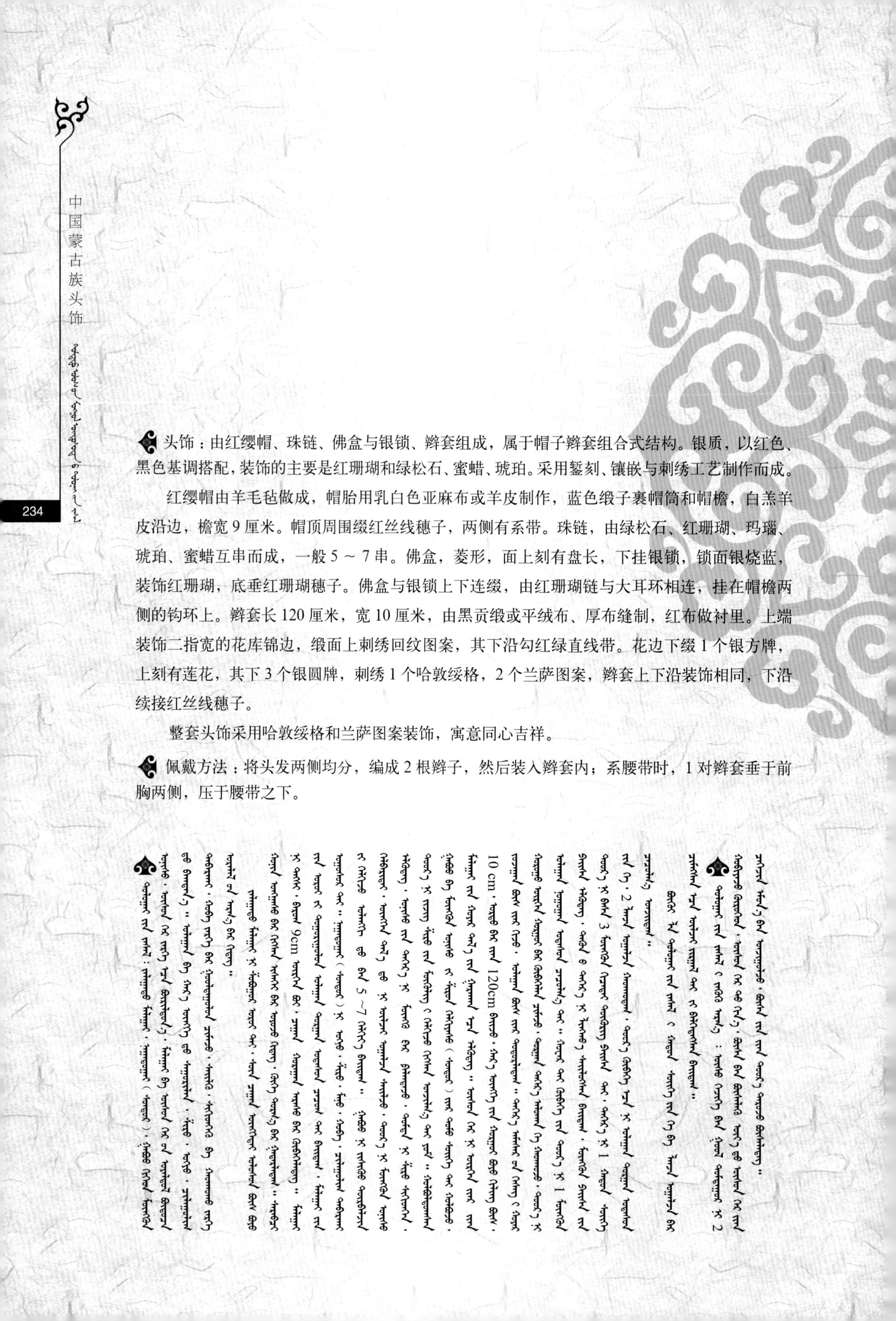

头饰：由红缨帽、珠链、佛盒与银锁、辫套组成，属于帽子辫套组合式结构。银质，以红色、黑色基调搭配，装饰的主要是红珊瑚和绿松石、蜜蜡、琥珀。采用錾刻、镶嵌与刺绣工艺制作而成。

红缨帽由羊毛毡做成，帽胎用乳白色亚麻布或羊皮制作，蓝色缎子裹帽筒和帽檐，白羔羊皮沿边，檐宽 9 厘米。帽顶周围缀红丝线穗子，两侧有系带。珠链，由绿松石、红珊瑚、玛瑙、琥珀、蜜蜡互串而成，一般 5 ～ 7 串。佛盒，菱形，面上刻有盘长，下挂银锁，锁面银烧蓝，装饰红珊瑚，底垂红珊瑚穗子。佛盒与银锁上下连缀，由红珊瑚链与大耳环相连，挂在帽檐两侧的钩环上。辫套长 120 厘米，宽 10 厘米，由黑贡缎或平绒布、厚布缝制，红布做衬里。上端装饰二指宽的花库锦边，缎面上刺绣回纹图案，其下沿勾红绿直线带。花边下缀 1 个银方牌，上刻有莲花，其下 3 个银圆牌，刺绣 1 个哈敦绥格，2 个兰萨图案，辫套上下沿装饰相同，下沿续接红丝线穗子。

整套头饰采用哈敦绥格和兰萨图案装饰，寓意同心吉祥。

佩戴方法：将头发两侧均分，编成 2 根辫子，然后装入辫套内；系腰带时，1 对辫套垂于前胸两侧，压于腰带之下。

海晏县

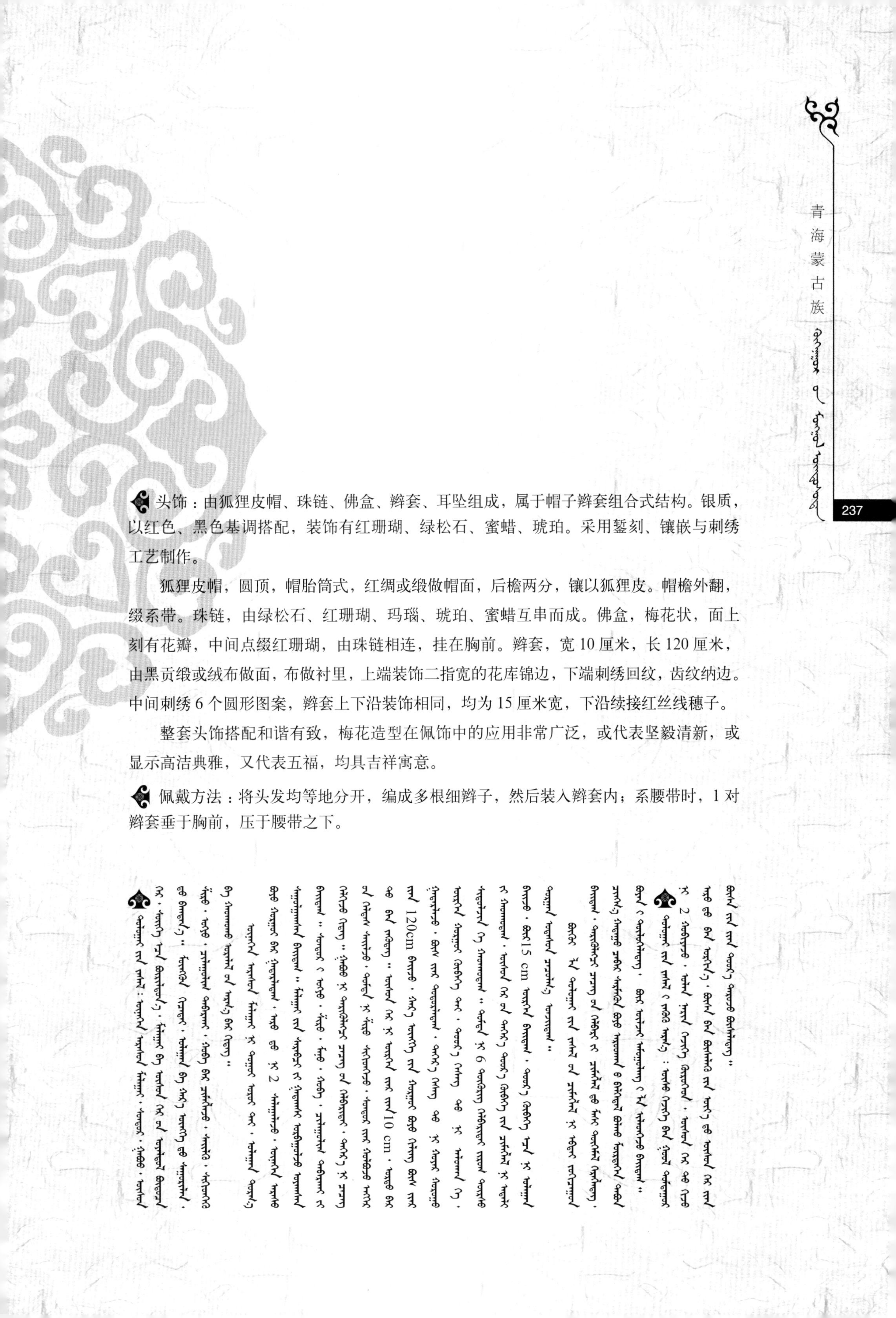

头饰：由狐狸皮帽、珠链、佛盒、辫套、耳坠组成，属于帽子辫套组合式结构。银质，以红色、黑色基调搭配，装饰有红珊瑚、绿松石、蜜蜡、琥珀。采用錾刻、镶嵌与刺绣工艺制作。

狐狸皮帽，圆顶，帽胎筒式，红绸或缎做帽面，后檐两分，镶以狐狸皮。帽檐外翻，缀系带。珠链，由绿松石、红珊瑚、玛瑙、琥珀、蜜蜡互串而成。佛盒，梅花状，面上刻有花瓣，中间点缀红珊瑚，由珠链相连，挂在胸前。辫套，宽 10 厘米，长 120 厘米，由黑贡缎或绒布做面，布做衬里，上端装饰二指宽的花库锦边，下端刺绣回纹，齿纹纳边。中间刺绣 6 个圆形图案，辫套上下沿装饰相同，均为 15 厘米宽，下沿续接红丝线穗子。

整套头饰搭配和谐有致，梅花造型在佩饰中的应用非常广泛，或代表坚毅清新，或显示高洁典雅，又代表五福，均具吉祥寓意。

佩戴方法：将头发均等地分开，编成多根细辫子，然后装入辫套内；系腰带时，1 对辫套垂于胸前，压于腰带之下。

河南蒙古族自治县

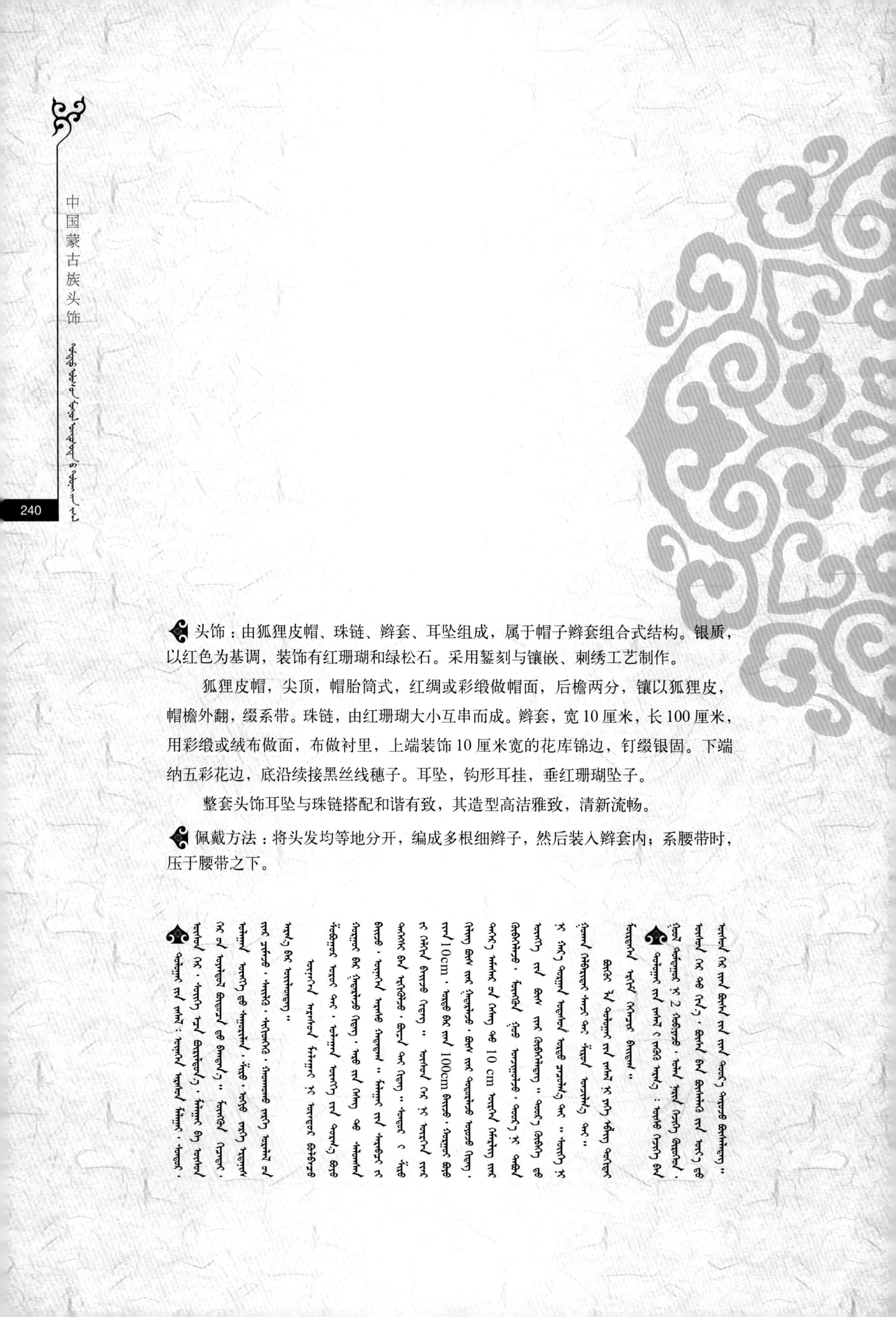

头饰：由狐狸皮帽、珠链、辫套、耳坠组成，属于帽子辫套组合式结构。银质，以红色为基调，装饰有红珊瑚和绿松石。采用錾刻与镶嵌、刺绣工艺制作。

狐狸皮帽，尖顶，帽胎筒式，红绸或彩缎做帽面，后檐两分，镶以狐狸皮，帽檐外翻，缀系带。珠链，由红珊瑚大小互串而成。辫套，宽 10 厘米，长 100 厘米，用彩缎或绒布做面，布做衬里，上端装饰 10 厘米宽的花库锦边，钉缀银固。下端纳五彩花边，底沿续接黑丝线穗子。耳坠，钩形耳挂，垂红珊瑚坠子。

整套头饰耳坠与珠链搭配和谐有致，其造型高洁雅致，清新流畅。

佩戴方法：将头发均等地分开，编成多根细辫子，然后装入辫套内；系腰带时，压于腰带之下。

甘肃蒙古族

ᠭᠠᠨᠰᠤ ᠶᠢᠨ ᠮᠣᠩᠭᠣᠯᠴᠤᠳ

肃北蒙古族自治县

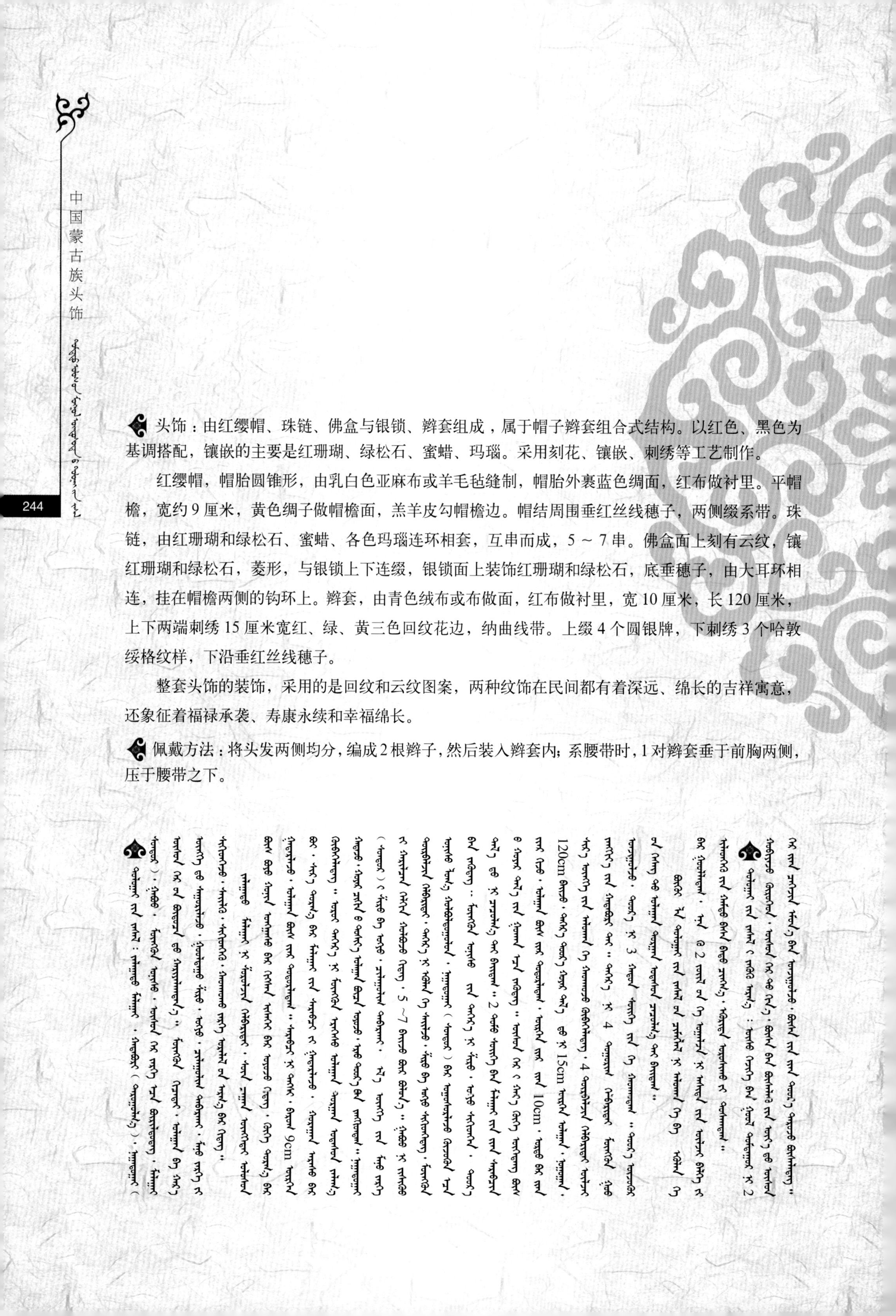

头饰：由红缨帽、珠链、佛盒与银锁、辫套组成，属于帽子辫套组合式结构。以红色、黑色为基调搭配，镶嵌的主要是红珊瑚、绿松石、蜜蜡、玛瑙。采用刻花、镶嵌、刺绣等工艺制作。

红缨帽，帽胎圆锥形，由乳白色亚麻布或羊毛毡缝制，帽胎外裹蓝色绸面，红布做衬里。平帽檐，宽约 9 厘米，黄色绸子做帽檐面，羔羊皮勾帽檐边。帽结周围垂红丝线穗子，两侧缀系带。珠链，由红珊瑚和绿松石、蜜蜡、各色玛瑙连环相套，互串而成，5 ~ 7 串。佛盒面上刻有云纹，镶红珊瑚和绿松石，菱形，与银锁上下连缀，银锁面上装饰红珊瑚和绿松石，底垂穗子，由大耳环相连，挂在帽檐两侧的钩环上。辫套，由青色绒布或布做面，红布做衬里，宽 10 厘米，长 120 厘米，上下两端刺绣 15 厘米宽红、绿、黄三色回纹花边，纳曲线带。上缀 4 个圆银牌，下刺绣 3 个哈敦绥格纹样，下沿垂红丝线穗子。

整套头饰的装饰，采用的是回纹和云纹图案，两种纹饰在民间都有着深远、绵长的吉祥寓意，还象征着福禄承袭、寿康永续和幸福绵长。

佩戴方法：将头发两侧均分，编成 2 根辫子，然后装入辫套内；系腰带时，1 对辫套垂于前胸两侧，压于腰带之下。

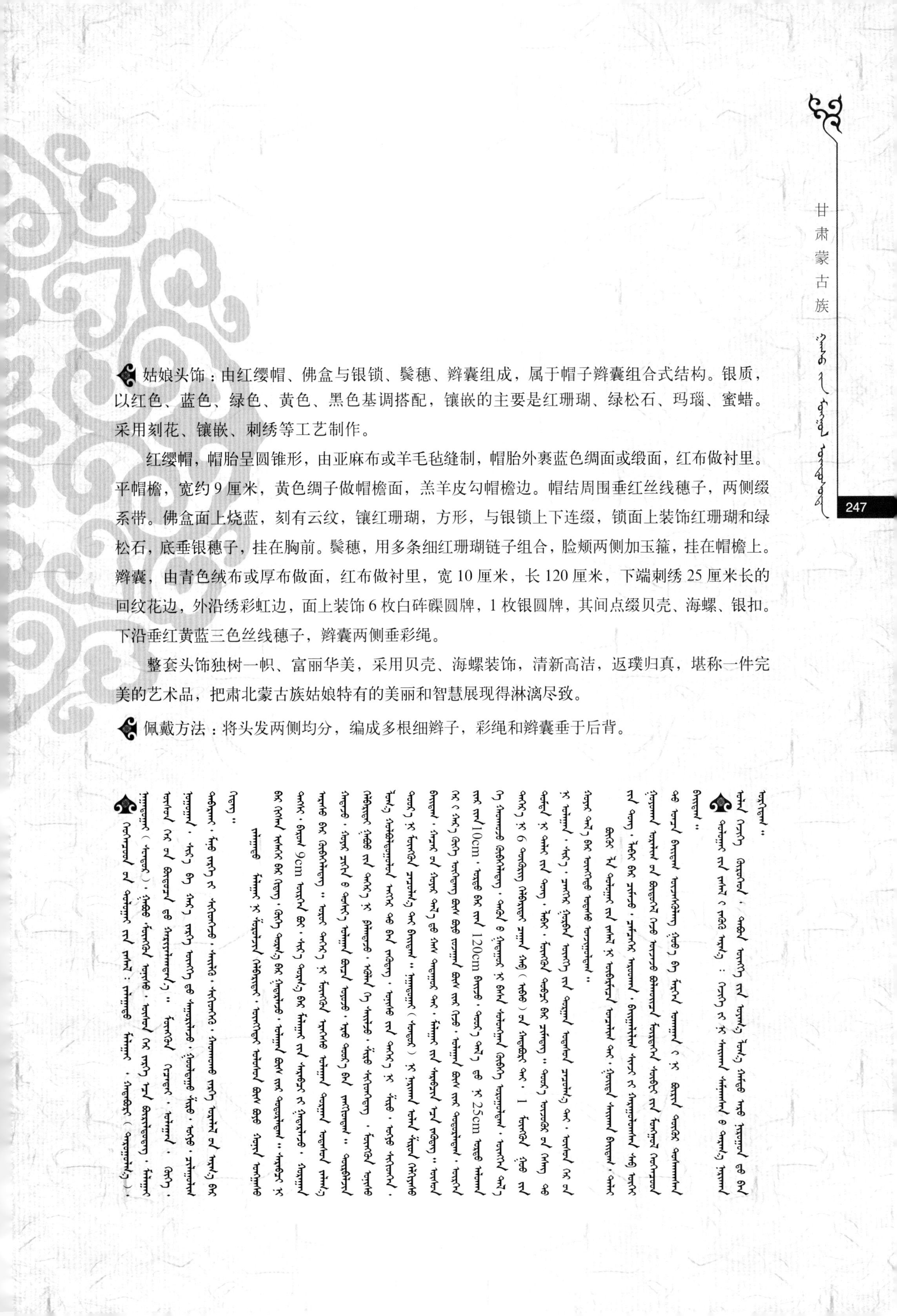

姑娘头饰：由红缨帽、佛盒与银锁、鬓穗、辫囊组成，属于帽子辫囊组合式结构。银质，以红色、蓝色、绿色、黄色、黑色基调搭配，镶嵌的主要是红珊瑚、绿松石、玛瑙、蜜蜡。采用刻花、镶嵌、刺绣等工艺制作。

红缨帽，帽胎呈圆锥形，由亚麻布或羊毛毡缝制，帽胎外裹蓝色绸面或缎面，红布做衬里。平帽檐，宽约 9 厘米，黄色绸子做帽檐面，羔羊皮勾帽檐边。帽结周围垂红丝线穗子，两侧缀系带。佛盒面上烧蓝，刻有云纹，镶红珊瑚，方形，与银锁上下连缀，锁面上装饰红珊瑚和绿松石，底垂银穗子，挂在胸前。鬓穗，用多条细红珊瑚链子组合，脸颊两侧加玉箍，挂在帽檐上。辫囊，由青色绒布或厚布做面，红布做衬里，宽 10 厘米，长 120 厘米，下端刺绣 25 厘米长的回纹花边，外沿绣彩虹边，面上装饰 6 枚白砗磲圆牌，1 枚银圆牌，其间点缀贝壳、海螺、银扣。下沿垂红黄蓝三色丝线穗子，辫囊两侧垂彩绳。

整套头饰独树一帜、富丽华美，采用贝壳、海螺装饰，清新高洁，返璞归真，堪称一件完美的艺术品，把肃北蒙古族姑娘特有的美丽和智慧展现得淋漓尽致。

佩戴方法：将头发两侧均分，编成多根细辫子，彩绳和辫囊垂于后背。

黑龙江蒙古族

杜尔伯特

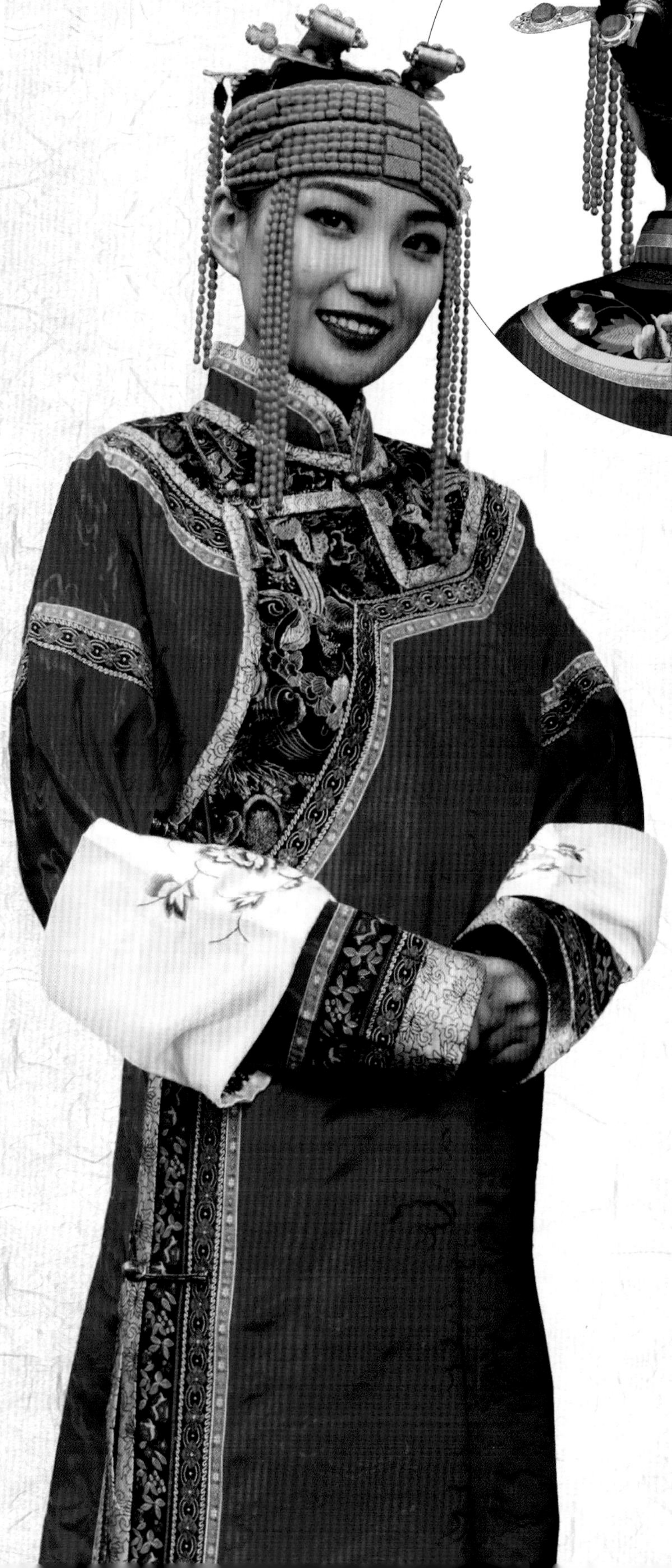

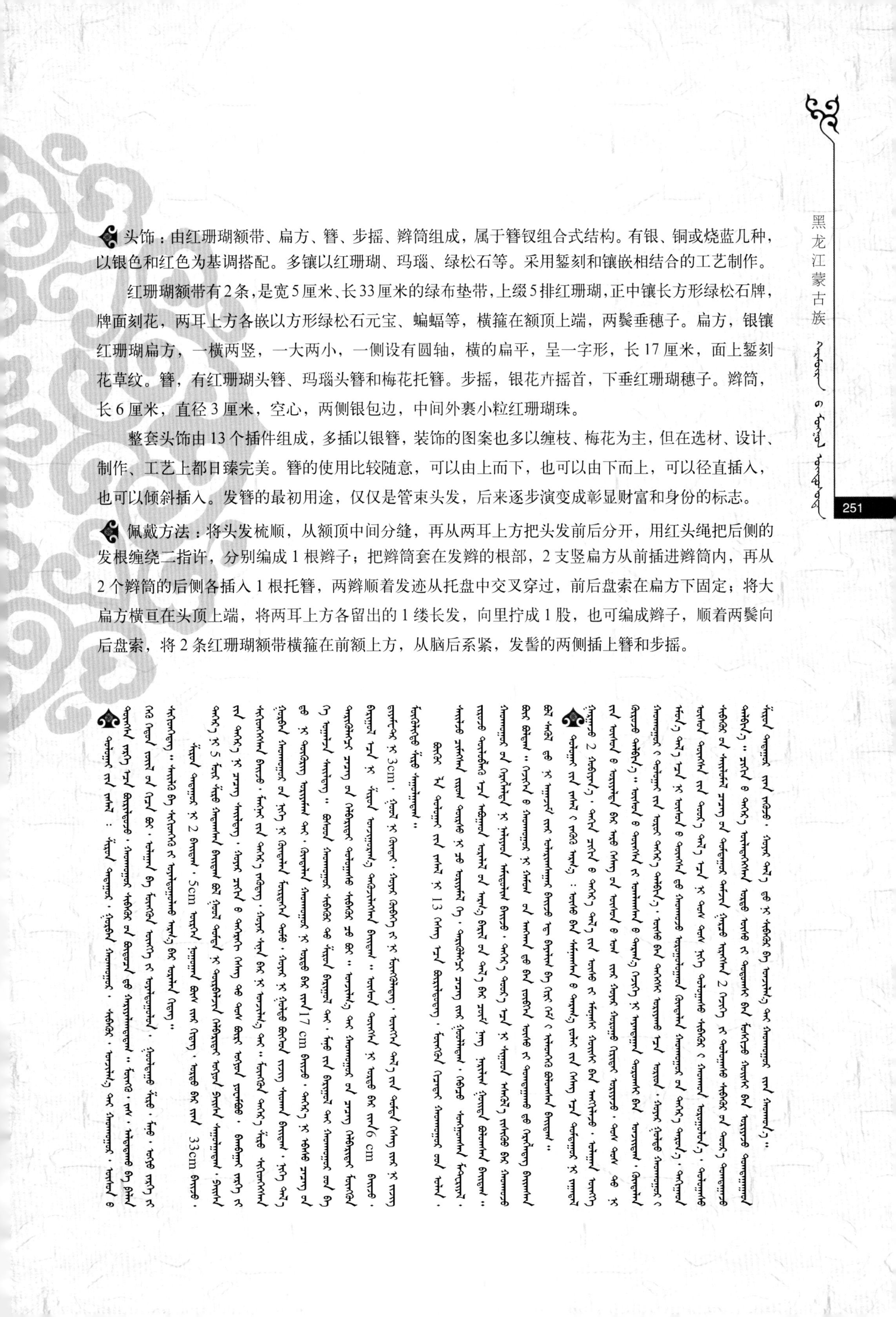

头饰：由红珊瑚额带、扁方、簪、步摇、辫筒组成，属于簪钗组合式结构。有银、铜或烧蓝几种，以银色和红色为基调搭配。多镶以红珊瑚、玛瑙、绿松石等。采用錾刻和镶嵌相结合的工艺制作。

红珊瑚额带有2条，是宽5厘米、长33厘米的绿布垫带，上缀5排红珊瑚，正中镶长方形绿松石牌，牌面刻花，两耳上方各嵌以方形绿松石元宝、蝙蝠等，横箍在额顶上端，两鬓垂穗子。扁方，银镶红珊瑚扁方，一横两竖，一大两小，一侧设有圆轴，横的扁平，呈一字形，长17厘米，面上錾刻花草纹。簪，有红珊瑚头簪、玛瑙头簪和梅花托簪。步摇，银花卉摇首，下垂红珊瑚穗子。辫筒，长6厘米，直径3厘米，空心，两侧银包边，中间外裹小粒红珊瑚珠。

整套头饰由13个插件组成，多插以银簪，装饰的图案也多以缠枝、梅花为主，但在选材、设计、制作、工艺上都日臻完美。簪的使用比较随意，可以由上而下，也可以由下而上，可以径直插入，也可以倾斜插入。发簪的最初用途，仅仅是管束头发，后来逐步演变成彰显财富和身份的标志。

佩戴方法：将头发梳顺，从额顶中间分缝，再从两耳上方把头发前后分开，用红头绳把后侧的发根缠绕二指许，分别编成1根辫子；把辫筒套在发辫的根部，2支竖扁方从前插进辫筒内，再从2个辫筒的后侧各插入1根托簪，两辫顺着发迹从托盘中交叉穿过，前后盘索在扁方下固定；将大扁方横亘在头顶上端，将两耳上方各留出的1缕长发，向里拧成1股，也可编成辫子，顺着两鬓向后盘索，将2条红珊瑚额带横箍在前额上方，从脑后系紧，发髻的两侧插上簪和步摇。

吉林蒙古族

郭尔罗斯

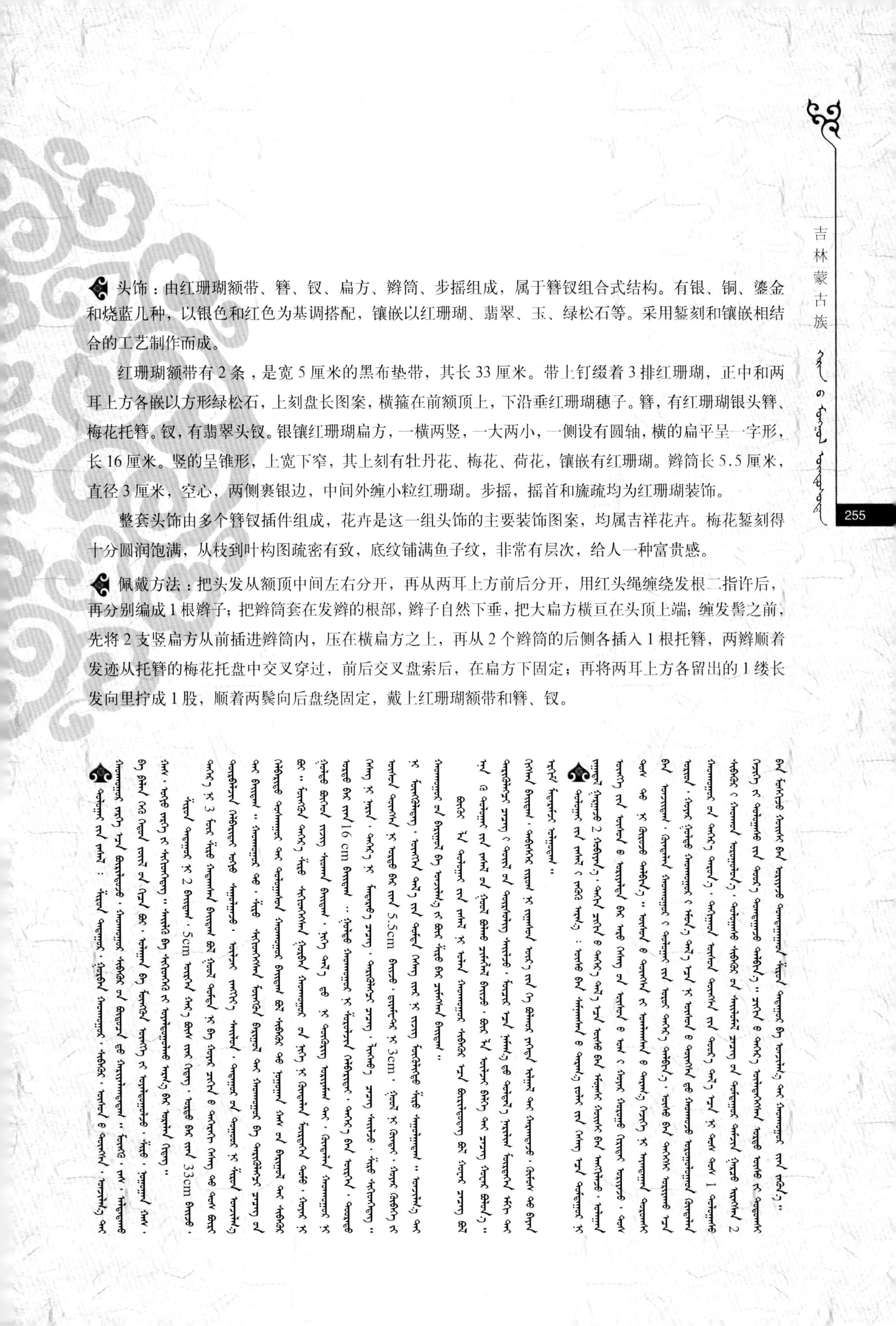

头饰：由红珊瑚额带、簪、钗、扁方、辫筒、步摇组成，属于簪钗组合式结构。有银、铜、鎏金和烧蓝几种，以银色和红色为基调搭配，镶嵌以红珊瑚、翡翠、玉、绿松石等。采用錾刻和镶嵌相结合的工艺制作而成。

红珊瑚额带有 2 条，是宽 5 厘米的黑布垫带，其长 33 厘米。带上钉缀着 3 排红珊瑚，正中和两耳上方各嵌以方形绿松石，上刻盘长图案，横箍在前额顶上，下沿垂红珊瑚穗子。簪，有红珊瑚银头簪、梅花托簪。钗，有翡翠头钗。银镶红珊瑚扁方，一横两竖，一大两小，一侧设有圆轴，横的扁平呈一字形，长 16 厘米。竖的呈锥形，上宽下窄，其上刻有牡丹花、梅花、荷花，镶嵌有红珊瑚。辫筒长 5.5 厘米，直径 3 厘米，空心，两侧裹银边，中间外缠小粒红珊瑚。步摇，摇首和旒疏均为红珊瑚装饰。

整套头饰由多个簪钗插件组成，花卉是这一组头饰的主要装饰图案，均属吉祥花卉。梅花錾刻得十分圆润饱满，从枝到叶构图疏密有致，底纹铺满鱼子纹，非常有层次，给人一种富贵感。

佩戴方法：把头发从额顶中间左右分开，再从两耳上方前后分开，用红头绳缠绕发根二指许后，再分别编成 1 根辫子；把辫筒套在发辫的根部，辫子自然下垂，把大扁方横亘在头顶上端；缠发髻之前，先将 2 支竖扁方从前插进辫筒内，压在横扁方之上，再从 2 个辫筒的后侧各插入 1 根托簪，两辫顺着发迹从托簪的梅花托盘中交叉穿过，前后交叉盘索后，在扁方下固定；再将两耳上方各留出的 1 缕长发向里拧成 1 股，顺着两鬓向后盘绕固定，戴上红珊瑚额带和簪、钗。

ᠯᠢᠶᠣᠣᠨᠢᠩ ᠤᠨ ᠮᠣᠩᠭᠣᠯ ᠦᠨᠳᠦᠰᠦᠲᠡᠨ

辽宁蒙古族

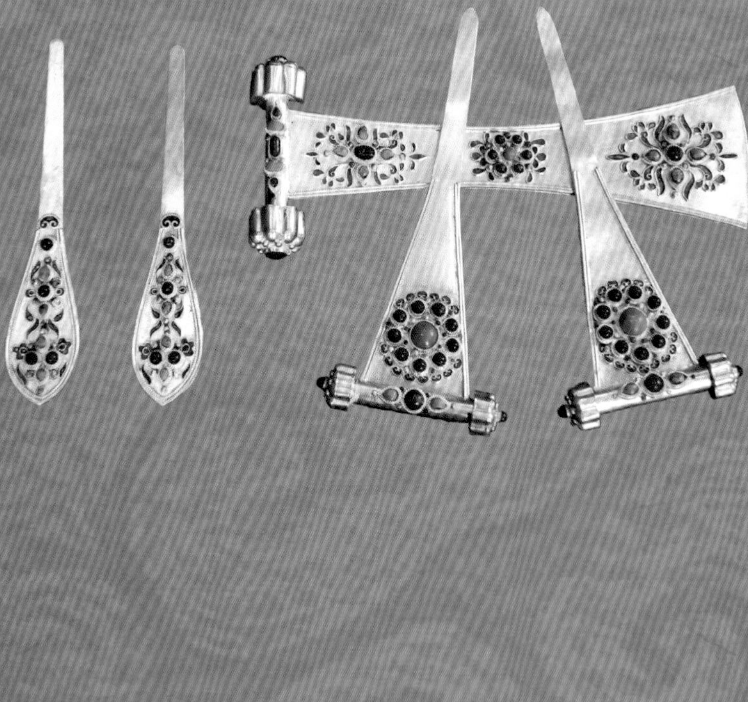

喀喇沁

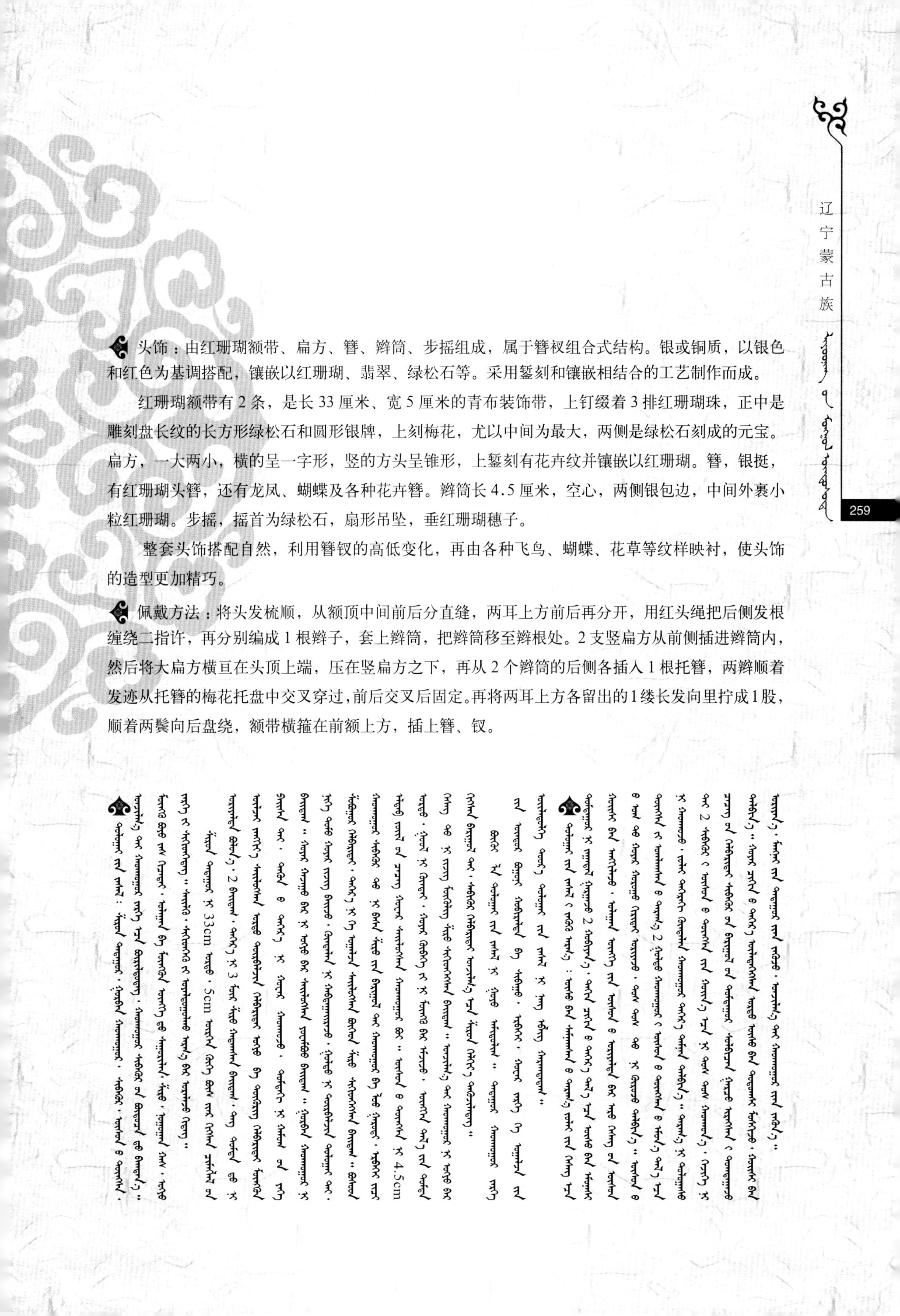

头饰：由红珊瑚额带、扁方、簪、辫筒、步摇组成，属于簪衩组合式结构。银或铜质，以银色和红色为基调搭配，镶嵌以红珊瑚、翡翠、绿松石等。采用錾刻和镶嵌相结合的工艺制作而成。

红珊瑚额带有 2 条，是长 33 厘米、宽 5 厘米的青布装饰带，上钉缀着 3 排红珊瑚珠，正中是雕刻盘长纹的长方形绿松石和圆形银牌，上刻梅花，尤以中间为最大，两侧是绿松石刻成的元宝。扁方，一大两小，横的呈一字形，竖的方头呈锥形，上錾刻有花卉纹并镶嵌以红珊瑚。簪，银挺，有红珊瑚头簪，还有龙凤、蝴蝶及各种花卉簪。辫筒长 4.5 厘米，空心，两侧银包边，中间外裹小粒红珊瑚。步摇，摇首为绿松石，扇形吊坠，垂红珊瑚穗子。

整套头饰搭配自然，利用簪钗的高低变化，再由各种飞鸟、蝴蝶、花草等纹样映衬，使头饰的造型更加精巧。

佩戴方法：将头发梳顺，从额顶中间前后分直缝，两耳上方前后再分开，用红头绳把后侧发根缠绕二指许，再分别编成 1 根辫子，套上辫筒，把辫筒移至辫根处。2 支竖扁方从前侧插进辫筒内，然后将大扁方横亘在头顶上端，压在竖扁方之下，再从 2 个辫筒的后侧各插入 1 根托簪，两辫顺着发迹从托簪的梅花托盘中交叉穿过，前后交叉后固定。再将两耳上方各留出的1缕长发向里拧成1股，顺着两鬓向后盘绕，额带横箍在前额上方，插上簪、钗。

蒙古贞

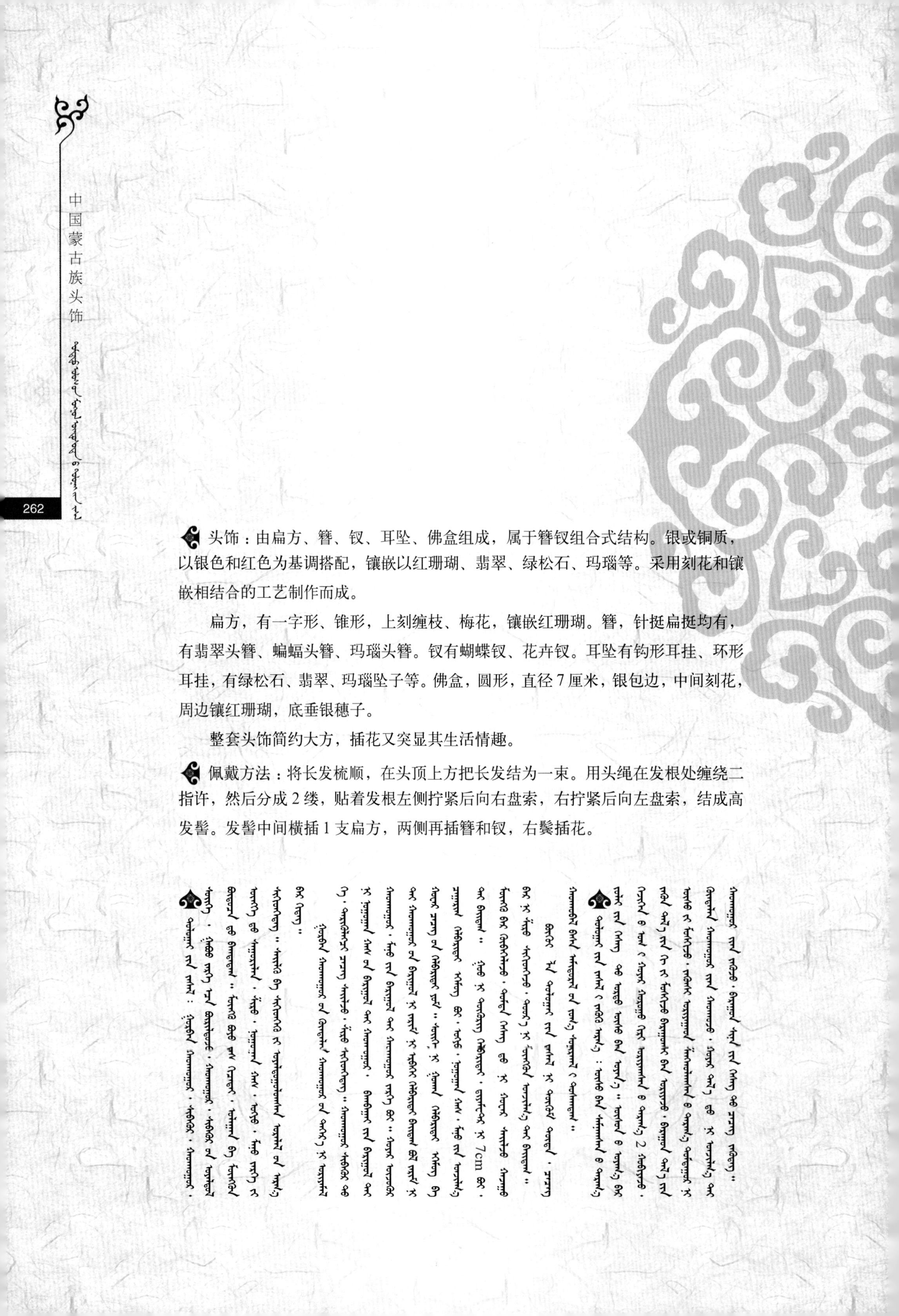

头饰：由扁方、簪、钗、耳坠、佛盒组成，属于簪钗组合式结构。银或铜质，以银色和红色为基调搭配，镶嵌以红珊瑚、翡翠、绿松石、玛瑙等。采用刻花和镶嵌相结合的工艺制作而成。

扁方，有一字形、锥形，上刻缠枝、梅花，镶嵌红珊瑚。簪，针挺扁挺均有，有翡翠头簪、蝙蝠头簪、玛瑙头簪。钗有蝴蝶钗、花卉钗。耳坠有钩形耳挂、环形耳挂，有绿松石、翡翠、玛瑙坠子等。佛盒，圆形，直径 7 厘米，银包边，中间刻花，周边镶红珊瑚，底垂银穗子。

整套头饰简约大方，插花又突显其生活情趣。

佩戴方法：将长发梳顺，在头顶上方把长发结为一束。用头绳在发根处缠绕二指许，然后分成 2 缕，贴着发根左侧拧紧后向右盘索，右拧紧后向左盘索，结成高发髻。发髻中间横插 1 支扁方，两侧再插簪和钗，右鬓插花。

四川蒙古族

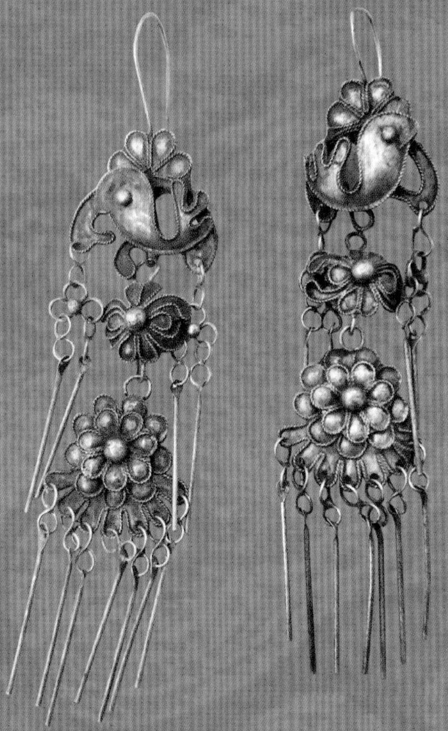

四川蒙古族

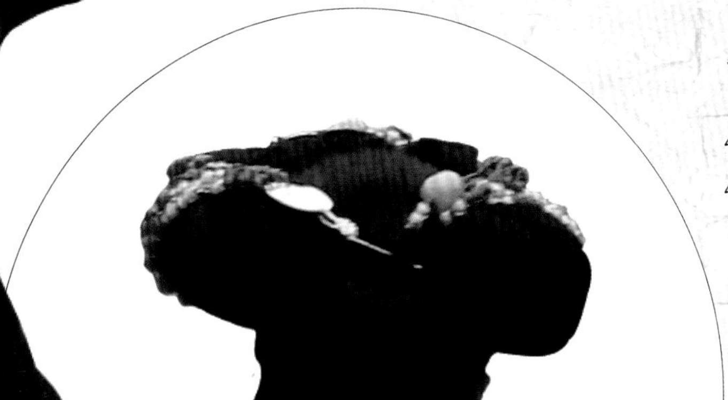

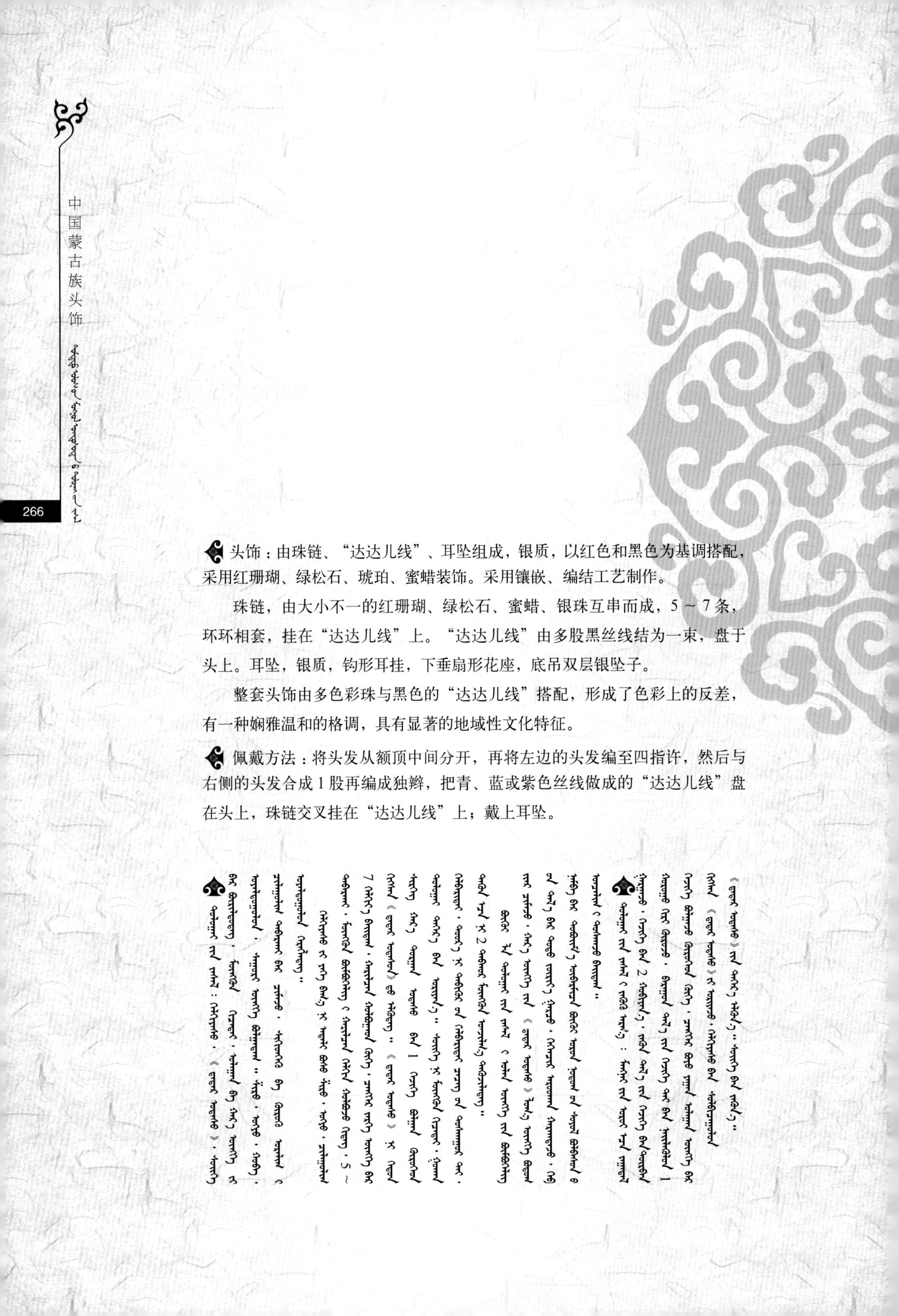

头饰：由珠链、“达达儿线”、耳坠组成，银质，以红色和黑色为基调搭配，采用红珊瑚、绿松石、琥珀、蜜蜡装饰。采用镶嵌、编结工艺制作。

珠链，由大小不一的红珊瑚、绿松石、蜜蜡、银珠互串而成，5～7条，环环相套，挂在“达达儿线”上。“达达儿线”由多股黑丝线结为一束，盘于头上。耳坠，银质，钩形耳挂，下垂扇形花座，底吊双层银坠子。

整套头饰由多色彩珠与黑色的“达达儿线”搭配，形成了色彩上的反差，有一种娴雅温和的格调，具有显著的地域性文化特征。

佩戴方法：将头发从额顶中间分开，再将左边的头发编至四指许，然后与右侧的头发合成1股再编成独辫，把青、蓝或紫色丝线做成的“达达儿线”盘在头上，珠链交叉挂在“达达儿线”上；戴上耳坠。

云南蒙古族

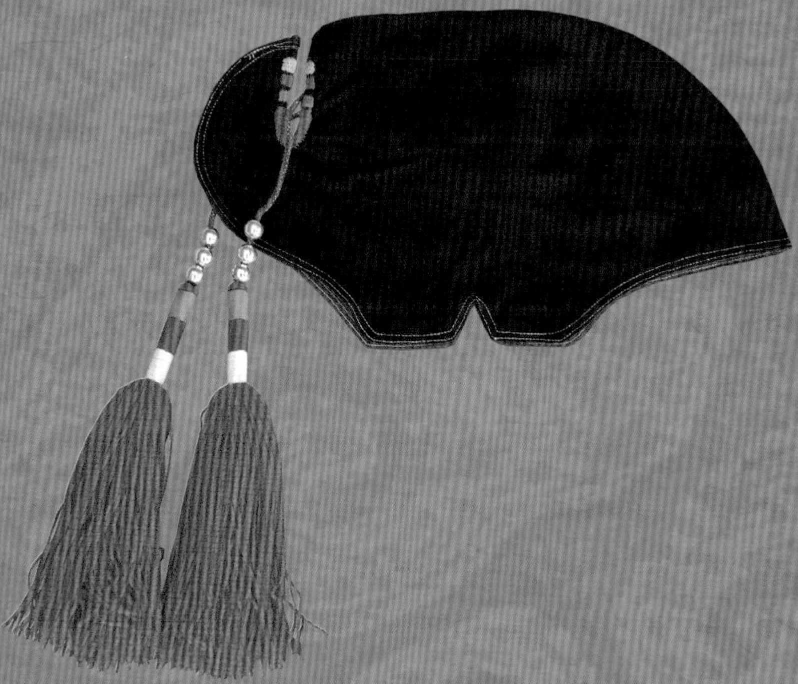

云南蒙古族

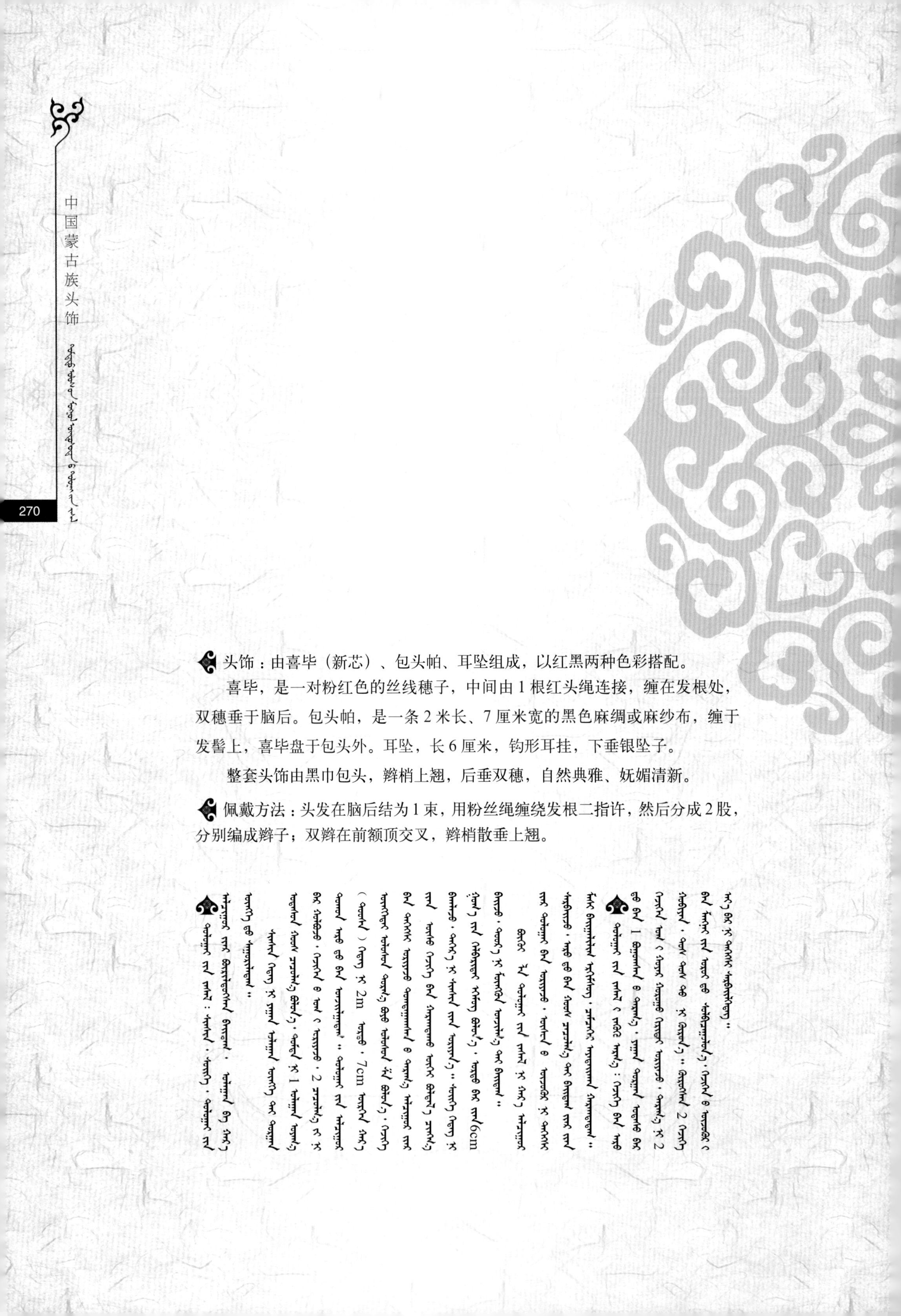

头饰：由喜毕（新芯）、包头帕、耳坠组成，以红黑两种色彩搭配。

喜毕，是一对粉红色的丝线穗子，中间由 1 根红头绳连接，缠在发根处，双穗垂于脑后。包头帕，是一条 2 米长、7 厘米宽的黑色麻绸或麻纱布，缠于发髻上，喜毕盘于包头外。耳坠，长 6 厘米，钩形耳挂，下垂银坠子。

整套头饰由黑巾包头，辫梢上翘，后垂双穗，自然典雅、妩媚清新。

佩戴方法：头发在脑后结为 1 束，用粉丝绳缠绕发根二指许，然后分成 2 股，分别编成辫子；双辫在前额顶交叉，辫梢散垂上翘。

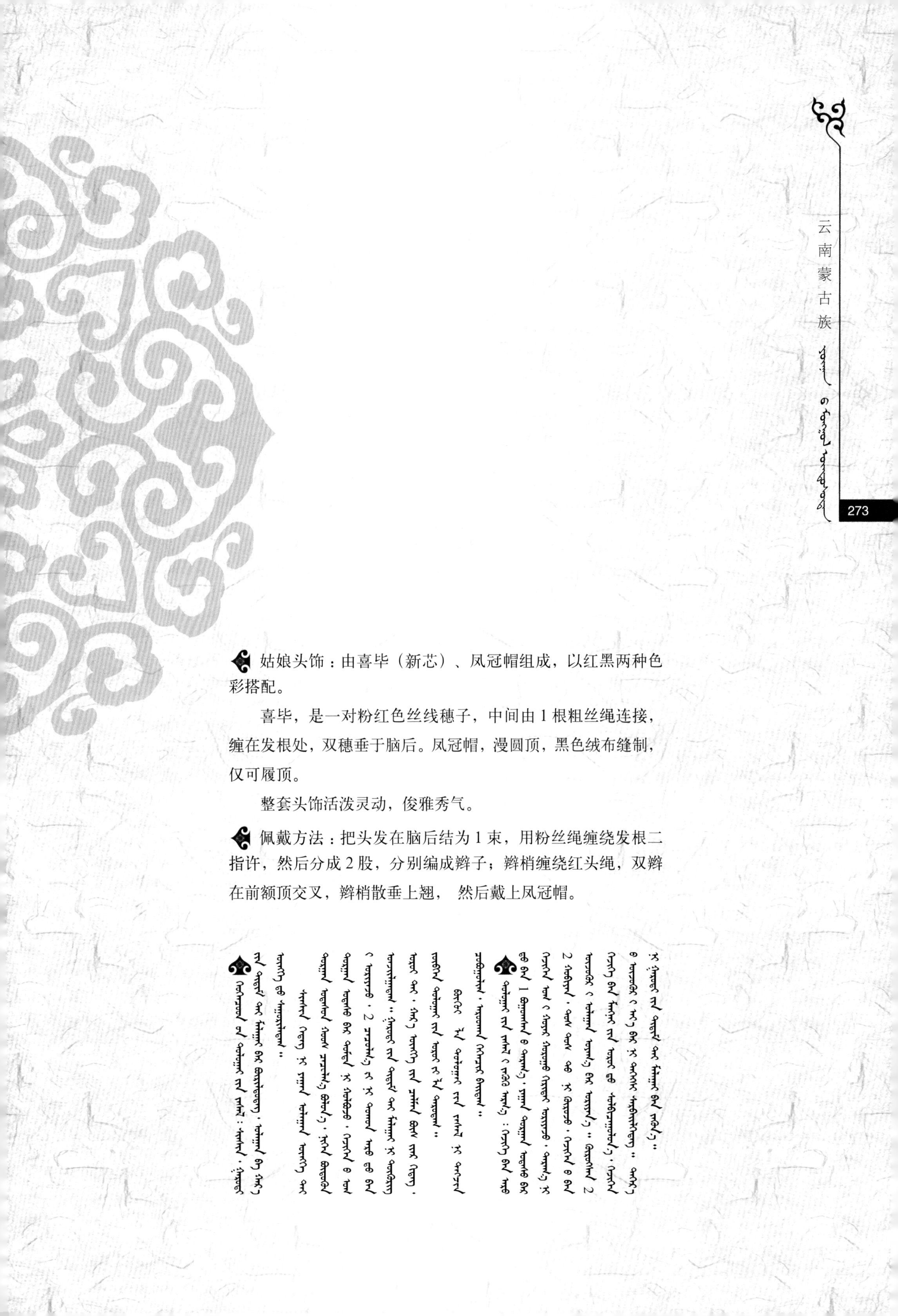

姑娘头饰：由喜毕（新芯）、凤冠帽组成，以红黑两种色彩搭配。

喜毕，是一对粉红色丝线穗子，中间由 1 根粗丝绳连接，缠在发根处，双穗垂于脑后。凤冠帽，漫圆顶，黑色绒布缝制，仅可履顶。

整套头饰活泼灵动，俊雅秀气。

佩戴方法：把头发在脑后结为 1 束，用粉丝绳缠绕发根二指许，然后分成 2 股，分别编成辫子；辫梢缠绕红头绳，双辫在前额顶交叉，辫梢散垂上翘， 然后戴上凤冠帽。

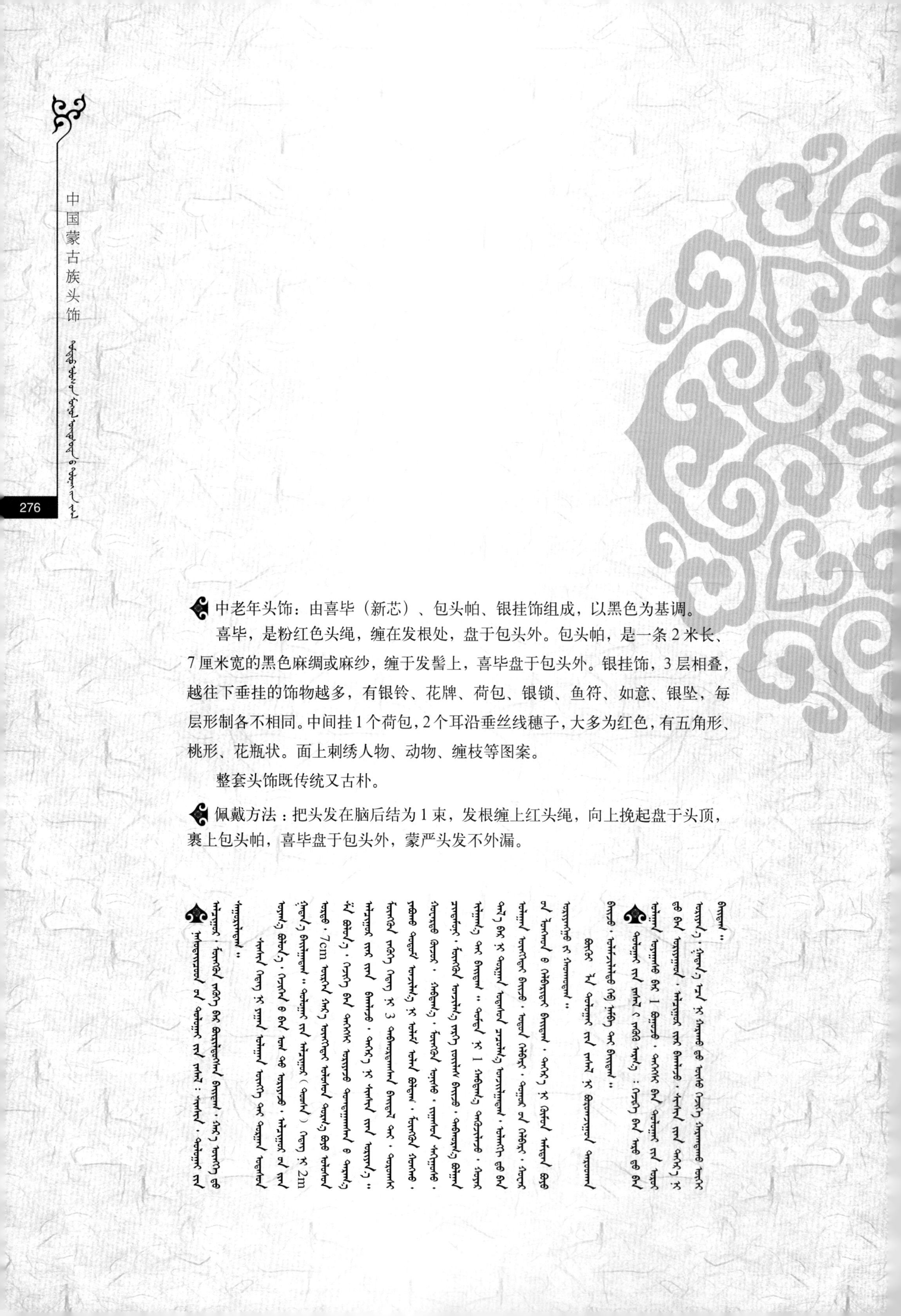

中老年头饰：由喜毕（新芯）、包头帕、银挂饰组成，以黑色为基调。

喜毕，是粉红色头绳，缠在发根处，盘于包头外。包头帕，是一条 2 米长、7 厘米宽的黑色麻绸或麻纱，缠于发髻上，喜毕盘于包头外。银挂饰，3 层相叠，越往下垂挂的饰物越多，有银铃、花牌、荷包、银锁、鱼符、如意、银坠，每层形制各不相同。中间挂 1 个荷包，2 个耳沿垂丝线穗子，大多为红色，有五角形、桃形、花瓶状。面上刺绣人物、动物、缠枝等图案。

整套头饰既传统又古朴。

佩戴方法：把头发在脑后结为 1 束，发根缠上红头绳，向上挽起盘于头顶，裹上包头帕，喜毕盘于包头外，蒙严头发不外漏。

图片作者及采集书目

察哈尔巴尔虎：乌兰图雅

布里亚特：姜永志、铁钢、徐占江、斯吉德玛

翁牛特：刘臻

敖汉：吴谡

喀尔喀：苏婷玲

巴尔虎：孔群

喀尔喀、察哈尔、敖汉、茂明安、阿鲁科尔沁、新疆土尔扈特、新疆额鲁特：盛丽

鄂尔多斯、巴尔虎、巴林、奈曼、四子、乌拉特、乌珠穆沁、苏尼特、土默特、和硕特、蒙古族穆斯林、额鲁特、土尔扈特：白雷

克什克腾、四子：田涛

新疆土尔扈特、新疆察哈尔、新疆图瓦、辽宁蒙古贞：银花

新疆和硕特：郎才

新疆额鲁特：沙克西

青海德令哈：萨仁图亚、关布措、包尔夫

青海德令哈、青海格尔木：吴英・其木格

青海乌兰县：金吉

青海海晏县：仁毛

青海河南蒙古族自治县：才旦卓么、才华措

甘肃肃北蒙古族自治县：色・娜仁其其格

巴林、黑龙江杜尔伯特、辽宁喀喇沁、吉林郭尔罗斯：乔歌蒂

四川蒙古族：王文芝

云南蒙古族：云南省通海县兴蒙蒙古族乡政府

阿鲁科尔沁、喀喇沁、扎鲁特：转至兰英主编《传承》，内蒙古人民出版社 /2014 年

鄂尔多斯、察哈尔、巴尔虎、扎赉特、乌拉特、乌珠穆沁、阿巴嘎、科尔沁、浩齐特、达尔罕、四子、土默特：转至明锐主编《中国蒙古族服饰》，远方出版社 /2013 年

ᠪᠣᠯᠤᠭᠰᠠᠳ ᠲᠡᠦᠬᠡ ᠶᠢᠨ ᠰᠤᠳᠤᠯᠭ᠎ᠠ ᠲᠣᠪᠴᠢᠶᠠᠨ ᠤ ᠪᠣᠳᠤᠯᠭ᠎ᠠ ᠶᠢᠨ ᠮᠦᠷ

ᠬᠡᠪᠯᠡᠭᠰᠡᠨ : ᠰᠢᠨᠵᠢᠯᠡᠯ
ᠬᠠᠷᠢᠭᠤᠴᠠᠭ᠎ᠠ : ᠰᠢᠨ᠎ᠡ ᠲᠤ
ᠨᠣᠮᠣᠭᠳᠠᠭᠤᠯᠤᠭᠴᠢ : ᠰᠠᠷ᠎ᠠ
ᠰᠤᠷᠪᠤᠯᠵᠢᠯᠠᠭᠰᠠᠨ ᠨᠠᠢᠷᠠᠭᠤᠯᠤᠭᠴᠢ : ᠤᠯᠠᠨ ᠲᠤ ᠶᠠᠪᠤᠭ ᠴᠣᠭ ᠲᠡ
ᠪᠠ ᠨᠠᠢᠷᠠᠭᠤᠯᠤᠭᠴᠢ : ᠰᠠᠷᠠᠨᠭᠤᠯ ᠲᠤ ᠮᠢᠩᠭ᠎ᠠ ᠴᠢᠨ
ᠬᠡᠪᠯᠡᠭᠰᠡᠨ ᠨᠡᠶᠢᠲᠡᠯᠡᠭᠴᠢ : ᠮᠣᠩᠭᠣᠯ ᠤᠨ ᠪᠢᠴᠢᠭ ᠬᠡᠪᠯᠡᠯ ᠤᠨ ᠰᠢᠯᠠᠭ᠎ᠠ
ᠬᠠᠶᠢᠭ : ᠪᠠᠭᠤᠲᠤ · ᠰᠢᠨ᠎ᠡ ᠬᠣᠲᠠ · ᠨᠡᠶᠢᠲᠡᠯᠡᠯ ᠤᠨ ᠭᠤᠳᠤᠮᠵᠢ ᠶᠢᠨ 666 ᠳᠤᠭᠠᠷ
ᠤᠲᠠᠰᠤ : (0471) 2236473 / 2236460
ᠨᠡᠶᠢᠲᠡᠯᠡᠭᠴᠢ : ᠰᠢᠨᠵᠢᠯᠡᠬᠦ ᠨᠣᠮ ᠤᠨ ᠬᠣᠷᠢᠶ᠎ᠠ
ᠬᠡᠪᠯᠡᠨ ᠨᠡᠶᠢᠲᠡᠯᠡᠭᠰᠡᠨ ᠨᠢ : ᠥᠪᠥᠷ ᠮᠣᠩᠭᠣᠯ ᠤᠨ ᠰᠣᠶᠣᠯ ᠨᠡᠶᠢᠲᠡᠯᠡᠯ ᠤᠨ ᠬᠠᠮᠲᠤ ᠪᠦᠯᠦᠭ ᠦᠨ ᠬᠡᠪᠯᠡᠯ ᠦᠨ ᠬᠣᠷᠢᠶ᠎ᠠ
ᠪᠣᠳᠣ ᠬᠤᠪᠢᠶᠠᠷᠢᠯᠠᠭᠳᠠᠭᠤ ᠪᠢᠴᠢᠭ
ᠬᠡᠪᠯᠡᠯ ᠦᠨ ᠬᠡᠮᠵᠢᠶ᠎ᠡ : 850mm × 1168mm 1/16
ᠦᠰᠦᠭ ᠦᠨ ᠲᠣᠭ᠎ᠠ : 213 ᠮᠢᠩᠭ᠎ᠠ
ᠬᠡᠪᠯᠡᠯ ᠦᠨ ᠬᠠᠭᠤᠳᠠᠰᠤ : 17.75
ᠬᠡᠪᠯᠡᠯᠲᠡ ᠲᠣᠭ᠎ᠠ : 1—1000 ᠬᠤᠪᠢ
ᠬᠡᠪ ᠦᠨ ᠳᠤᠭᠠᠷ : 2022 ᠣᠨ ᠤ 9 ᠰᠠᠷ᠎ᠠ ᠳᠤ ᠲᠡᠷᠢᠭᠦᠨ ᠬᠡᠪ ᠢ ᠭᠠᠷᠭᠠᠪᠠ
ᠬᠡᠪᠯᠡᠯᠲᠡ ᠤᠳᠠᠭ᠎ᠠ : 2023 ᠣᠨ ᠤ 7 ᠰᠠᠷ᠎ᠠ ᠳᠤ ᠨᠢᠭᠡᠳᠦᠭᠡᠷ ᠤᠳᠠᠭ᠎ᠠ ᠬᠡᠪᠯᠡᠪᠡ
ᠨᠣᠮ ᠤᠨ ᠨᠣᠮᠧᠷ : ISBN 978—7—5555—1537—1
ᠦᠨ᠎ᠡ : 268.00 ᠶᠤᠸᠠᠨ